新农村防雷安全实用技术手册

李家启 李良福 覃彬全 等 编著

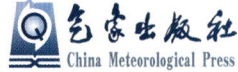

图书在版编目(CIP)数据

新农村防雷安全实用技术手册/李家启等编著.
—北京：气象出版社,2010.12
ISBN 978-7-5029-5133-7

Ⅰ.①新… Ⅱ.①李… Ⅲ.①防雷—技术手册
Ⅳ.① TM862-62

中国版本图书馆 CIP 数据核字(2010)第 241841 号

李家启　李良福　覃彬全　李　黎　陈雄武
陈　宏　秦　健　林　涛　曾　理　刘　静　编著

出版发行：气象出版社	**地　　址**：北京海淀区中关村南大街46号
网　　址：http://www.cmp.cma.gov.cn	**邮　　编**：100081
E-mail：qxcbs@263.net	**电　　话**：010-68407112
责任编辑：吴晓鹏	**终　　审**：李太宇
封面设计：阳光图文工作室	**版式设计**：李勤学
印　　刷：中国电影出版社印刷厂	
开　　本：787mm×1092mm　1/32	
版　　次：2011年1月第1版	**印　　次**：2012年5月第2次印刷
印　　张：3.25	**字　　数**：78千字
定　　价：15.00元	

本书如存在文字不清、漏印以及缺页、倒页、脱页等，请与本社发行部联系调换

前 言

改革开放以来,我国农业经济和农村建设发生了巨大变化。党中央从全面落实科学发展观,提出了建设社会主义新农村的重大战略决策,进一步为我国农村建设勾画了美好蓝图。

在我国农村面貌日新月异的同时,我们也看到了农村防雷安全形势仍然十分严峻。一方面,由于广大农民朋友对雷电灾害预防的知识比较欠缺;另一方面,农村由于地势开阔,还有不少的山地、高坡和水面,很少有高大的建筑物,人员在开阔的地面或山坡上劳动、行走或奔跑时,往往成为相对高点,如果再扛上锄头等金属工具,更容易遭到直击雷的侵袭,造成人员伤害。而在城市,由于街道两旁往往是高出人体的房屋建筑,有的建筑还有防直击雷的装置(避雷针、避雷带等),所以,同样是雷雨天,走在城市街道上或住在城市房屋里的人员,被雷击的概率远远小于农村。据统计,我国每年因雷击造成人员伤亡中的90%以上都发生在农村。以重庆为例,在1998—2008年期间，农村雷灾人员伤亡总数为270人，占全市（伤亡291人）92.7%；其中室内的伤亡人数又占了农村伤亡人数的65.2%，主要原因是所在建（构）筑物绝大多数都没有防雷装置。因此，加强农村防雷减灾工作，提高农村雷电灾害防御能力，充分体现了以人为本的发展理念，对构建社会主义和谐社会、推动社会主义新农村建设具有重要的意义。

近年来，重庆市气象局为贯彻落实《国务院办公厅关于进一步做好防雷减灾工作的通知》（国办发明电〔2006〕28号），强化农民防雷安全意识，提升农村雷电灾害防御能力，组织防雷技术人员对农村的雷电灾害及其防御情况进行调查，开展相关技术研究。2008年，重庆市防雷中心与重庆市建设工程质量监督站联合开展了"重庆市社会主义新农村建设防雷技术研究"（重庆市建设科研项目：城科字2008第（51）号）；2009年，重庆市防雷中心承担并完成了中国气象局"中小学雷电灾害防御示范工程建设"项目；2010年，重庆市防雷中心承担并完成了中国气象局"农村雷电灾害防御示范工程建设"项目，并在北碚区、永川区、涪陵区等开展了防雷减灾示范工程，并取得很好效果。作者结合防雷示范工程建设经验以及防雷安全管理经验，总结并编著《新农村防雷安全实用技术手册》，以供农民朋友参考。

本书在编写过程中得到了中国气象局应急减灾与公共服务司、重庆市气象局等单位的大力支持，并得到重庆市气象局王银民局长、李良福副局长、顾建峰副局长、段相洪纪检组长，法规处刘飞副处长、减灾处李锡福处长、谭畅副处长等同志的大力帮助，并提出许多宝贵意见，在此一并致谢！此外，本书引用大量的研究成果和经验总结，在此谨向文献作者致以衷心感谢。

由于作者水平有限，加之时间仓促，导致本书难免存在不足，恳请广大读者提出宝贵意见。

李家启

2010年12月

目 录

前言

1 引言 ·· 1
   1.1 古代对雷电的认识 ······································ 2
   1.2 雷电的早期实验 ··· 4
   1.3 雷电是什么 ·· 6

2 雷电的形成与危害 ··· 8
   2.1 雷电形成机理 ··· 8
   2.2 闪电的分类 ·· 9
   2.3 雷电的危害 ·· 12

3 雷电活动规律 ··· 15
   3.1 雷击的选择性 ··· 15
   3.2 雷暴变化特征 ··· 17
   3.3 雷电变化特征 ··· 22
   3.4 雷电灾害特点 ··· 28

4 雷电灾害防御 ··· 34
   4.1 工程性措施 ·· 34
   4.2 非工程性措施 ··· 57

附录1：农村典型雷电灾害案例 ··················· 74
附录2：重庆地区雷电参数表 ······················· 92

1 引言

雷电灾害是联合国"国际减灾十年"公布的最严重的十种自然灾害之一,雷电灾害造成的损失仅次于干旱和洪涝灾害。

重庆是全国的多雷暴地区之一,每年因雷击造成上亿元的经济损失及数十人伤亡。雷电灾害严重威胁着国家和人民生命财产安全。特别是在农村地区,在某种程度上还存在着防雷意识差、技术薄弱等问题,雷电事故频发。据不完全统计,1998—2008年重庆因雷电引起的人员伤亡共270人,其中伤159人,死亡111人。

秦文于2005年7月15日晚在南岸涂山峰顶用数码相机以30 s的曝光速度拍摄的重庆渝中半岛雷电图片

1.1 古代对雷电的认识

公元前 1500 年殷商甲骨文中就有"雷"字。从汉字"雷"的演化可以看出中国古代人们对雷电的认识。甲骨文、金文的"雷"字，中间弯曲的弧线代表闪电的光线，闪电周围的圆形表示响雷所发出的巨大爆裂声响；而小篆"雷"字增加雨头，则表示雷电多发生在雨天。因此，雷的本义是指下雨时空中云层放电所发出来的响声。

（甲骨文）

（金文）　（小篆）

王充

最早见诸文字记载的对雷电作科学观察的学者当推东汉哲学家王充（公元 27 年—约 97 年）。他在《论衡》中对雷电就作过如下描述："雷者火也。以人中雷而死，即殉其身。中火则须发烧燋。中身则皮映灼僖。临其尸上闻火气。一验也。道术之家，以为雷烧石色赤，投于井中。石燋井寒，激声大鸣。若臂之状。二验也。人伤于寒；寒气入腹。腹中素暖，温寒分争，激气雷鸣，三验也。当霍之时，电光时见，大若火之耀，四验也。当雷之击，时或燔人室屋及地草木，

1 引言

五验也。夫论雷之为火有五验,育雷为天怒无一效。"

关于被雷击死者身上的纹迹被传为雷公对死者的判罪之文,是蛊惑人心的,世人亲睹者极少,即使见之者也受鬼神之说而牵强附会,以讹传讹。至今民间这种迷信犹存,此种现象尚有其社会心理基础。老人、贫者之信教,对自然现象无知,而遇困境求助于神灵以自慰,均源于此。在南方多雷区的旷野处,遇到雷暴临空的人,信奉雷公只惩罪犯之说,是从心理上避开恐惧的方法,许多宗教迷信的流行类似于此。在古代科学极不发达的社会中,这是一种无可奈何的说法。但是到了今天就应该破除它,因为这种不靠科学靠迷信的做法只会给人们造成灾难,危害社会。

我国历代也有少数进步学者勇敢地反对以神鬼来解释雷电及其灾害的做法,包括唯物主义和唯心主义者,除王充、沈括这两位著名学者外,如文学家柳宗元就是较杰出的一位。他在《断刑论下》中说:"夫雷霆雪霜者特一气耳,非有心于物者也。""春夏之有雷霆也,或发而震,破巨石,裂大木,木石岂为非常之罪也哉!"宋代理学家吸收佛学的优点,在哲理思索上下功夫,反对雷灾是天神惩罪之说。陆佃在《埤雅》(初名《物性门类》)中说:"电、阴阳、激耀,与雷同气发而为光者也。""其光为电,其声为雷。"朱熹认为雷电是"阴阳之气,闭结之极,忽然迸散出。"

1.2 雷电的早期实验

起电机

雷电科学的建立,首先要归功于创造第一个可以用作人工制造电的起电机的盖利克。他于1663年做了一个直径十多厘米可以旋转的琉璃球,通过摩擦可获得足够的电来作各种研究,并于1672年首次观察到电荷的推拒作用[*]。英国格雷于1729年发现物体可区分为二类:导体和非导体。在他工作的影响下,法国杜菲做了类似的实验,约在1734年确定电荷可分为二种,一种被他称为玻璃型的(今称为正电),另一种被他称为树脂型的(今称为负电),同类相斥,异类相吸。

---

[*] 出自《现代防雷技术基础》虞昊著

1 引言

第一台莱顿瓶

德国主教冯·卡莱斯特和荷兰的莱顿城物理学家穆欣·布罗克先后于1745年和1746年发明了莱顿瓶并用来表演电的实验。美国的富兰克林见到从欧洲来的思朋斯表演的电学实验，产生了兴趣，也动手做实验，并在1746年对莱顿瓶作了改进，并串联起来使用。1747年，他发表了关于莱顿瓶功效分析的文章，在实验中证明了异种电荷可以相消，第一个提出了正电和负电的概念和电荷既不能创造也不能消灭的思想。

"岗亭实验" 所谓岗亭就是设计的一个可以容纳一个人的小房子，有遮雨的顶盖，在顶盖上方竖起一根铁棒，上端磨尖，铁棒固定在绝缘底座上，小房子置于高塔或教堂顶上，人可以在小房内观察、做实验。

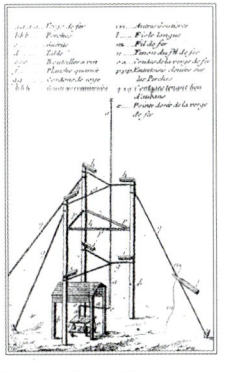

风筝实验 直接从云中取下"天电"来验证其是否与"地电"相同。

富兰克林设计制作的风筝是用手绢制的，骨架上装有金属尖端，用麻绳作风筝线，绳下端挂了一个金属圈，圈上吊了一个铜钥匙，用以把收集到的电荷引到莱顿瓶，金属圈上系一干燥的丝绳，人手拉丝绳站在遮雨的小屋里，以保证丝绳是不导电的。他把风筝放上去后等了很长时间看不出效果，后来头顶上方出现一朵有希望带着电的乌云，可是仍看不到预想的带电现象。就在这一时刻，细心的富兰克林注意到麻绳上几丝松散出来的纤维竖起来互相推斥，他立刻把指关节靠近铜钥匙，就看到电火花从钥匙跳向指关节。于是他用莱顿瓶放近铜钥匙来收集"天电"，用这些"天电"作各种实验证明"天电"与"地电"的电火花在本质上是相同的。

1.3 雷电是什么

雷电是伴有闪电和雷鸣的一种自然现象。雷电一般产生于对流发展旺盛的积雨云中，因此，常伴有强烈的阵风和暴雨，有时还伴有冰雹和龙卷风。积雨云顶部一般较高，在有些地区，可达20千米，云的上部常有冰晶。冰晶的淞附、水滴的破碎以及空气对流等过程，使云中产生电荷。云中电荷的分布较复杂，但总体而言，云的上部以正电荷为主，

1 引言

下部以负电荷为主。因此，云的上、下部之间形成一个电位差。当电位差达到一定程度后，就会产生放电，这就是我们常见的闪电现象。闪电的平均电流是3万安培，最大电流可达30万安培。闪电的电压很高，约为1亿~10亿伏特。一个中等强度雷暴的功率可达1千万瓦，相当于一座小型核电站的输出功率。放电过程中，由于闪电通道中温度骤增，使空气体积急剧膨胀，从而产生冲击波，导致强烈的雷鸣。带有电荷的雷云与地面的突起物接近时，它们之间就发生激烈的放电现象。在雷电放电地点会出现强烈的闪光和爆炸似的轰鸣声。这就是人们见到和听到的电闪雷鸣。

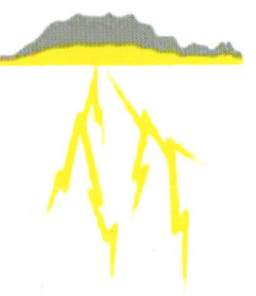

2 雷电的形成与危害

2.1 雷电形成机理

夏季是雷电最活跃的季节,由此人们往往将夏季称为"雷雨季节"。这是因为夏季空气温暖湿润,由于热力作用、动力作用或者地形作用,暖湿空气被抬升而发展成为对流旺盛的"雷雨云",人们常用"乌云滚滚"来形容这种现象。

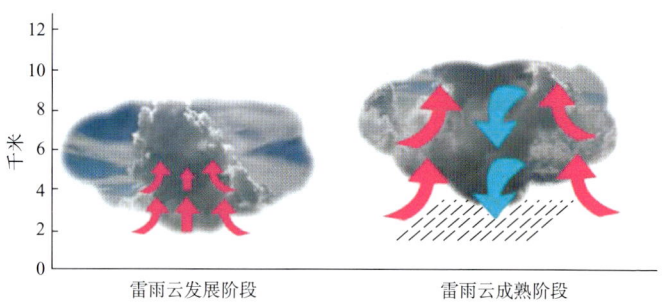

雷雨云发展阶段　　　　雷雨云成熟阶段

典型的雷雨云内部,其上半部带正电荷,下半部带负电荷,当正负电荷积累到一定程度时,就击穿空气,释放大量能量,形成雷电,出现电闪雷鸣。

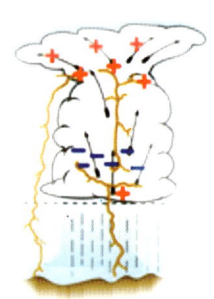

2 雷电的形成与危害

2.2 闪电的分类

晴天大气中若存在体电荷的分布不均,带异号体电荷的两团大气之间的电场强度达到空气被击穿强度,在它们之间就会发生的放电现象,称之为晴空闪电。大气中的晴天闪电比较少见。

闪电按发生的位置,可分成云闪和地闪两大类。云闪是云内部或云与云之间在空中发生的闪电。地闪是云对地面或对地面上物体、人员之间的放电现象。

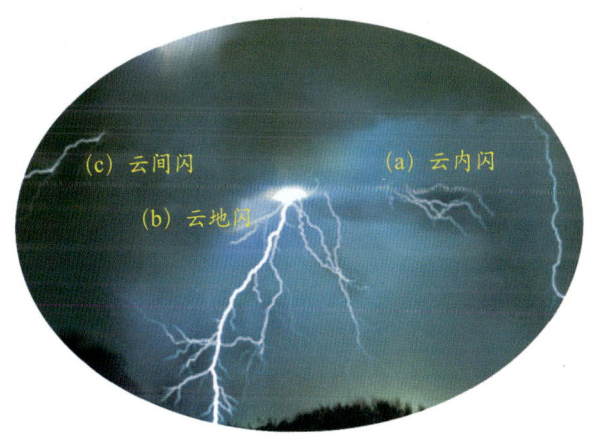

在云闪与地闪中,其中云闪占大部分,云地闪只占六分之一,但其对人类危害最大。

下面主要介绍按形状分类的几种闪电。

● 线状闪电：线状闪电最为常见。线状闪电大多是雷雨云与大地间的放电（约 50%～70% 以上），也有的是雷雨云之间的放电。这种闪电可以同时击在不同的地方。线状闪电一般表现为一种蜿蜒曲折枝杈纵横的巨型电气火花，长 2～3 千米，也有长达 10 千米的。由于其类似树枝状，所以也称枝状闪电。

● 带状闪电：带状闪电是宽度达十几米的一类闪电，它比线状闪电要宽几百倍，看上去像一条亮带，所以称为带状闪电。

● 片状闪电：片状闪电是指出现在天空的无一定形状的大片亮光。它有时是出现在云的表面上的闪光，有时可能是被云块遮没的火花闪电的延光，

2 雷电的形成与危害

也可能是在云的上部发出来的丛集的、若隐若现的一种特殊的放电作用的光。这种闪电，表示云中电场的能量虽然已经足够产生放电，但是新加入的电量却太少，以致在闪烁放电尚未转变到火花（线状）放电以前，原储有的电量已经用完了，仅仅伴随有片状闪电的雷暴。这是一种较弱放电现象，通常会对电力系统引入较弱的感应过电压。

● 联珠状闪电：联珠状闪电比较罕见，联珠状闪电多出现在强雷暴期间，并常紧接着一次线状闪电之后出现在原闪电通道上。联珠状闪电的亮斑有时为一串发光球体，有时像一条悬挂在空中的发光亮斑的一长串珍珠链，有时则为许多长达几十米的发光段（像一条发光的虚线），因而联珠状闪电亦称链状闪电。在云与大地间放电或云与云间放电时均可能出现，似乎是介于线状闪电与球形闪电之间的一种过渡形式。联珠状闪电的持续时间较线状地闪长得多，熄灭过程也较缓慢。

● 球状闪电：球状闪电通常都出现在雷暴云之中。它十分光亮，略呈圆球形，直径大约是 20～50 厘米。通常它只会维持数秒，但也有维持 1～2 分钟的纪录。更神奇

的是，它可以在空气中独立而缓慢地移动。有少数目击者说，它会随着金属物品走，但多数人都说它的路径不定。它会通过电线或烟囱进入房屋，有时还会通过门窗与其玻璃之间的缝隙进入房屋。它出现时，常有尖哨声或嗡嗡声，有时会安静地消失，但有时也会发生令人恐怖的爆炸。它消失时，往往留下具有刺激性的轻烟雾。

2.3 雷电的危害

为了更有效地防护雷电造成的灾害，我们先了解雷电造成灾害的方式。

雷击树木

（1）直击雷的作用：即雷电直接击在物或人身上并由此发生的强烈热效应作用和电动力作用。雷电的强大破坏力，主要是由于它把雷雨云蕴藏的能量在极短的几十微秒中释放出来，它的功率巨大，但是因为时间短其能量小，只能让

2 雷电的形成与危害

一盏100瓦的灯工作几十个小时。

（2）雷电的二次作用：雷电放电时，在附近的导体上产生静电效应和电磁感应，使导体产生瞬间高电压或电火花，破坏电子设备或在易燃易爆区引起爆炸或火灾。

被雷电破坏的电子设备

（3）雷电波侵入：雷电作用在输电线路、信号线和金属管道上，产生瞬间高电压，通过输电线路、信号线和金属管道进入室内对电器和人造成伤害。

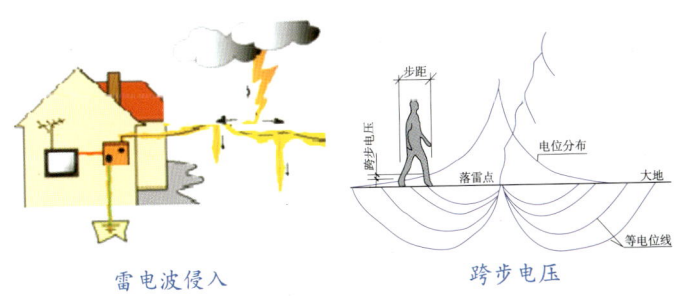

雷电波侵入　　　　　跨步电压

（4）跨步电压：当雷电流经地面雷击点或接地体，流散入周围土壤时，在它周围形成电压降落。如果有人在接近接地体附近两腿分开，就会受到雷电流所造成的"跨步电压"的危害。

· 13 ·

（5）接触电压：当雷电流经引下线和接地装置时，由于引下线本身和接地装置都有阻抗，因而会产生较高的电位差。这种电压有时高达几万伏，甚至几十万伏。这时如果有人或牲畜接触引下线或接地装置，就会受到雷电流所产生的"接触电压"的危害。

（6）旁侧闪络：雷电没有直接击中受害人，而是击中受害人附近高接地电阻的物体，由于被雷击物体带高电位，而向它附近的人闪击放电。

3　雷电活动规律

雷电活动规律及其特点与地理位置、气候条件、下垫面状况等密切相关，就重庆地区而言，是雷击多发地区，据闪电定位资料显示，该地区雷电具有如下特点：

● 雷电发生时间长。1～12月都可能有雷电发生，雷电发生的最早月份是1月2日22时09分（2006年），出现在綦江，闪电强度为28.4千安；雷电发生的最晚月份是12月4日23时25分（2008年）出现在沙坪坝，强度为31千安。

● 雷电次数多。雷电日（即在一天内，监测到一次或一次以上的雷电就算一个雷电日）年均199天，雷电次数年均243199次。日雷电次数最多出现在2007年7月17日，全市合计出现42175次；一小时内雷电次数最多出现在2007年7月17日06-07时，全市共出现9299次闪电。

● 雷电强度大。最强正闪为455.7千安，发生在涪陵百胜镇，时间是2006年3月24日04时03分；最强负闪为-499.4千安，发生在2006年10月22日00时35分忠县洋渡镇。

3.1　雷击的选择性

雷击的地点和建筑物遭受雷击的部位是有一定规律

的,这些规律称为雷击的选择性。

(1)突出地面越高的物体越易遭雷击:在旷野中,即使建筑物并不是很高,但由于它比较孤立、突出,因此,也比较容易遭受雷击。

(2)与地质构造有关:即与土壤的电阻率有关。如果土壤中的电阻率分布不均匀,则土壤的电阻率小的地方易受雷击,而电阻率较大且岩石含量较多的土壤被雷电击中的机会就小得多;在不同电阻率的土壤交界地段易受雷击。雷击经常发生在有金属矿藏的地区,河岸、地下水出口处、山坡与水面(或水田)接壤地区。

(3)与地面上的设施情况有关:凡是有利于雷雨云与大地建立良好的放电通道处易受雷击,这是影响雷击选择性的重要因素。如,从烟囱冒出的热气柱和烟气有时含有少量的导电粒子和游离气团,它们比一般空气易于导电,这也是烟囱易于遭受雷击的原因之一。此外,大树、枯老的树木、输电线、高架电线及其他高架金属管道等容易遭受雷击。

(4)与地形有关:从地形来看,凡是有利于雷雨云的形成和相遇条件处易遭受雷击。我国大部分地区山地的东坡、南坡较北坡、西北坡易受雷击,山中的平地较峡谷容易受雷

3 雷电活动规律

击。对靠山和邻水的地区,邻水一面的低洼潮湿地点和山口或风口的特殊地形构成的雷暴走廊的地点易遭受雷击。

因此,建议住宅选址时尽量避开以上易遭雷击的地点。

3.2 雷暴变化特征

雷暴天气是指闪电兼有雷声的天气现象,也是一种中小尺度的强对流天气系统。它出现时必有强烈的积雨云活动,往往伴随有阵雨、冰雹、大风、龙卷风等天气。雷暴伴有阵雨,称雷雨。产生雷暴的积雨云称雷暴云,一个雷暴云叫做雷暴单体,它的水平尺度约十几千米,持续时间几十分钟。雷暴云可以孤立分散出现,也可组成雷暴群,出现在几百千米至上千千米的尺度范围内,持续时间几小时至十几小时。中国雷暴日数南方多于北方,山区多于平原,云南西双版纳和海南岛最多。雷暴夏季最多,出现时间以下午为多。但有时夜间因云辐射冷却,云层内温度不匀,也会出现雷暴,称夜雷暴。

雷暴活动规律特征因地区不同而有差异,下面以重庆地区为例,分析其时间和空间的分布特征。

3.2.1 季节变化特征

统计显示,重庆雷暴季节性变化十分明显。一年四季中,雷暴日以夏季出现最多，累计年平均出现21.27天，约占全年雷暴出现日数的56.75%；春季次之，累计年平均出现雷暴日11.80天，约占全年雷暴出现日数的31.48%，春夏两季雷暴日数约占全年的88.23%；秋季平均出现雷暴日3.68天，约占全年雷暴日数的9.82%；冬季出现最少，累计年平均出现雷暴日0.73天，约占全年雷暴出现日数的1.95%。重庆四个代表站所代表区域的季节分布和全市平均值基本一致，夏季最多，春季次之，秋季再其次，冬季最少（图3.1）。

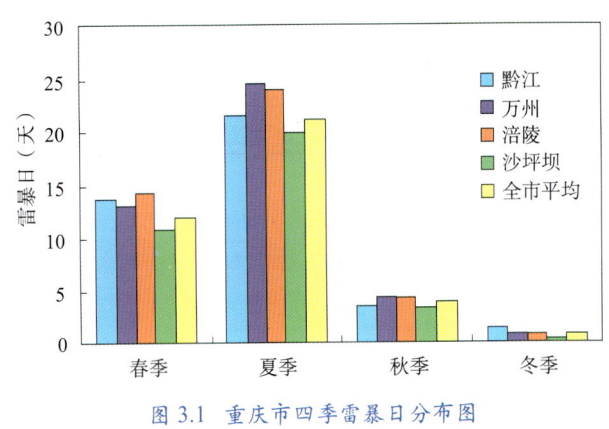

图3.1 重庆市四季雷暴日分布图

3.2.2 月际变化特征

由重庆市累年各月雷暴出现日数分布（图3.2）可见，一年中任何月份都可出现雷暴。其中以7月份出现的最

3 雷电活动规律

多,累年平均有8.74个雷暴日,占全年的雷暴出现日数的23.32%;其次为8月,累年平均有8.13个雷暴日,占全年的雷暴出现日数的21.69%,7、8月份雷暴日约占全年总雷暴日数的45.01%。雷暴总体多出现在3—9月份,3—9月份累计平均出现35.17天,约占全年雷暴出现数日数的93.84%。1月份和12月份出现的最少,2月和11月次之。

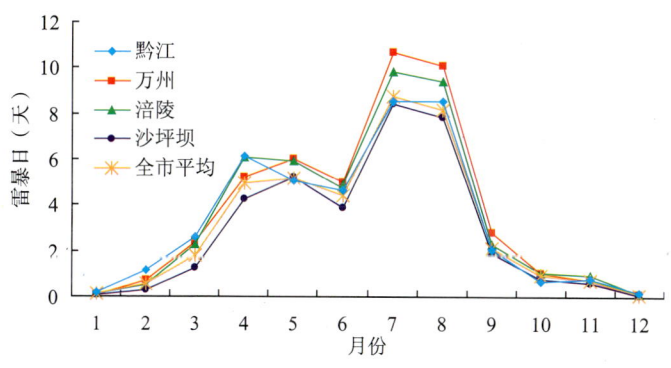

图 3.2 重庆市 1951—2009 年月平均雷暴日数变化

从图3.2中还可看到,雷暴日数在1—7月份基本上随时间递增(6月稍有减少),7月雷暴日达到峰值,8月雷暴日仍然很多,9—12月逐月减少。其中7月增幅最大,比上月增加4.34天;9月减幅最大,比上月减少6.02天。重庆四个代表站所代表区域和全市变化趋势基本一样。

造成这种季节、月分布特征的主要原因是：温暖潮湿的上升气流是产生雷暴云的必要条件。随着大气环流调整，3月重庆气温开始上升，热力不稳定条件逐渐增强，对流性天气增多，雷暴发生的次数随之逐月增加。7—8月份重庆多对流天气，冷暖空气交汇活动比较频繁，前期的高温使得近地层有充足的能量来加剧对流运动，所以7—8月份容易出现雷暴。9月份以后，气温开始下降，热力不稳定条件减弱，雷暴发生的次数开始回落。由于重庆冬季大气层结稳定，因而冬季雷暴发生次数少。6月份虽然温度较高，但是西南气流无法进入，强对流天气难以形成，所以雷暴次数相对较少。

3.2.3 雷暴空间分布特征

重庆市地势由西向东逐步升高，从南北两侧向长江河谷倾斜，川东平行岭谷斜贯其中。整个区域山丘广布，高差悬殊，河流纵贯，下垫面十分复杂。重庆市的气候类型为中亚热带湿润季风型气候，受西南季风和东南季风的双重影响以及青藏高原大陆高压与副热带太平洋高压的交替影响，同时西太平洋至我国沿海的热带风暴也会影响到本区，局地性天气特征十分明显，中小尺度天

3 雷电活动规律

气活动频繁。

从重庆市雷暴空间分布图（图3.3）来看，渝东南年平均雷暴日数最多，渝中和渝东北次之，渝西最少。重庆市29.5°N以南，106.5°E以东地区雷暴日大多为40～45天；29.5°N以北，106.5°E以东地区为35～40天，106.5°E以西地区为30～35天。重庆市单站雷暴日南川站最多，为58天；潼南站最少，为28天，最大值站与最小值站相差30天。重庆有两个雷暴高发中心，分别是中南部南川到涪陵一带，东南部酉阳到秀山一带。

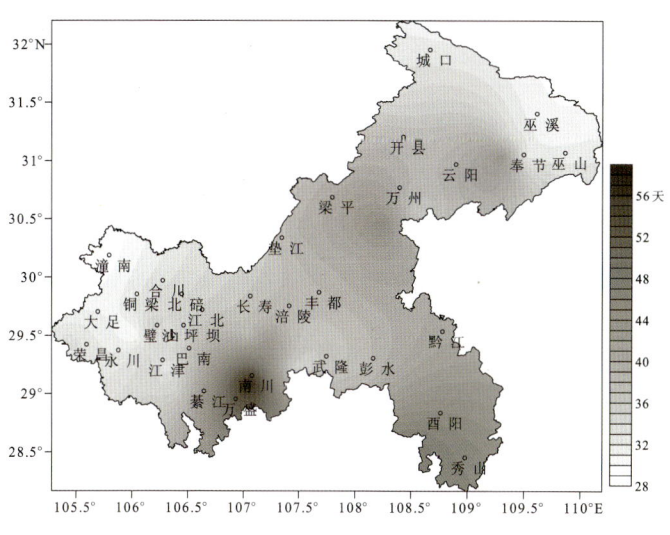

图3.3 重庆市年均雷暴日数空间分布

重庆市雷暴年平均日数多，主要是因为重庆山多，地形动力抬升作用比较强；其次，下垫面非单一，比较复杂，受热不均匀，各地气温相差较大，容易产生热力差；再次，重庆河流纵横，有较为充足的水汽供应，在动力和热力两者共同作用下造成该地区对流活动强，易产生雷暴。

重庆市东部靠大巴山、巫山-武陵山，南部靠大娄山脉，地势较高，大多为海拔1500米以上的山地；西北部和中部以丘陵、低山为主。当暖湿空气经过山坡被强迫上升时，在山地迎风的一面空气沿山坡上升，到一定高度变冷而形成雷暴云，所以东部和南部雷暴更频繁，雷暴呈现出从东部高山向中部、西部丘陵低山逐渐递减的特征。由此可见，地形分布差异是导致雷暴空间分布差异的主要原因。

3.3 雷电变化特征

3.3.1 时间变化

（1）年际变化

雷电日数的变化波动不大，而雷电次数变化很大（图3.4），说明每个雷电日中发生闪电频率增加，对流性天气更加剧烈。从图3.5中可以发现，春夏季节是闪电发生频率较高时期，其中夏季变化曲线增长趋势最明显，春季次之。

3 雷电活动规律

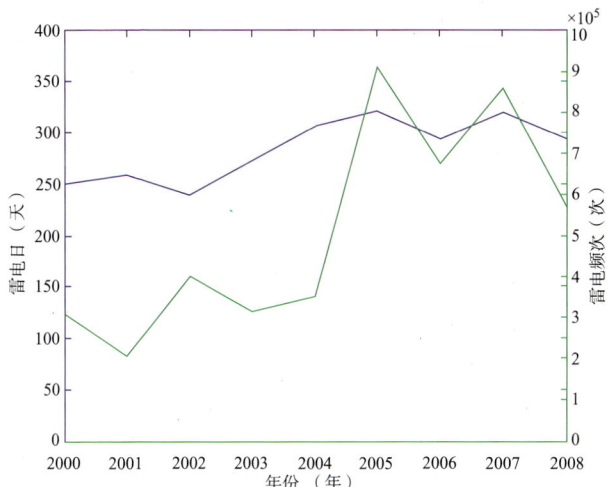

图 3.4 闪电频次和雷电日数变化趋势图

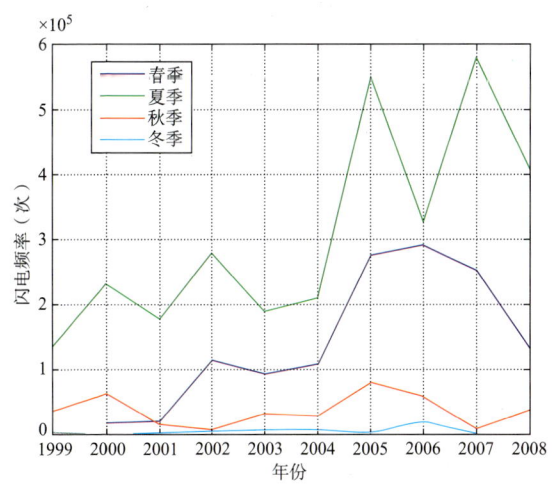

图 3.5 逐年各季闪电频数变化趋势图

·23·

(2)月际和日变化

根据1999—2008年闪电资料来看,重庆全年12个月都有闪电发生,发生时段主要集中在4—10月,负闪频数远高于正闪,但是正闪强度却远大于负闪;而从闪电逐时资料(图3.6)来看,闪电发生呈现双峰双谷状态,14:00—18:00,晚上22:00—03:00是闪电高发时期,这与重庆山地气候有关;负闪频数远大于正闪频数,强度却低于正闪。

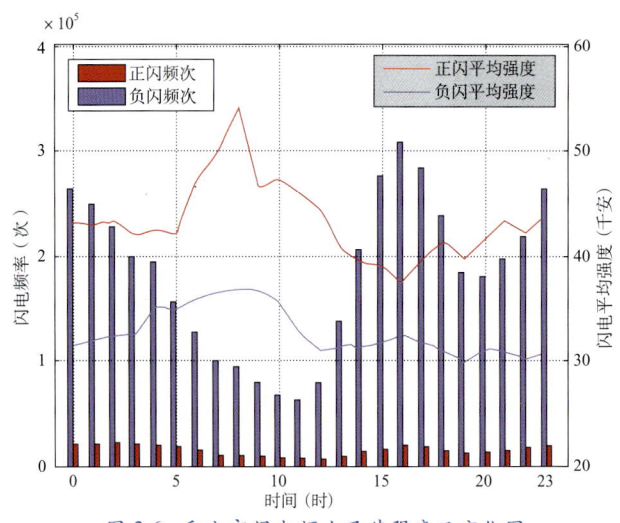

图3.6 重庆市闪电频次及其强度日变化图

3.3.2 空间分布

(1)闪电密度

以5千米×5千米为单位面积统计可以看出(图3.7),

3 雷电活动规律

重庆市闪电密度最高的区域主要位于荣昌、大足、璧山、涪陵、彭水以及主城六区等地，2006—2008年每年每25平方千米雷电密度最大值依次为365次、544次和331次/(年·平方千米)，分别位于江津区永兴镇，沙坪坝区土主镇、中梁镇、回龙坝镇的三镇交界地区和涪陵区龙塘乡及白涛镇。三年内每25平方千米最大值为225次/(年·平方千米)，位于大足县三驱镇。

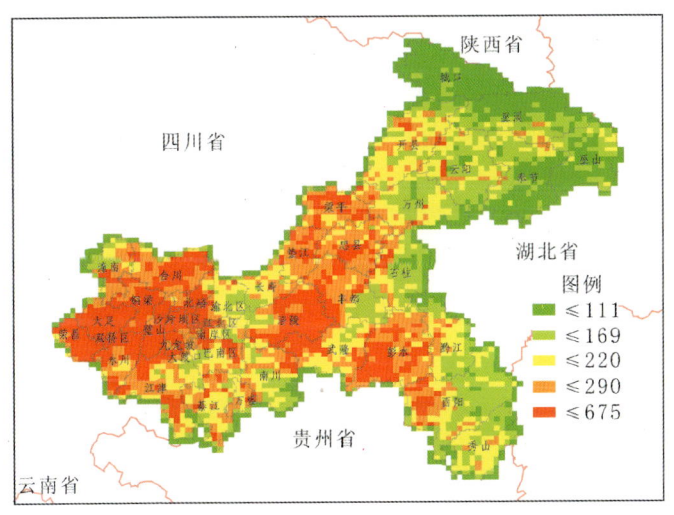

图3.7 重庆市闪电密度图

（2）闪电强度

正闪强度在70千安以上的地区包括九龙坡、北碚、渝北、铜梁、永川、大渡口，大渡口最高，为74.6千安。正闪强度60千安以下的包括彭水、武隆、巫溪、巫山、涪陵、南岸、酉阳、忠县、云阳和万盛,彭水最低,为51.7千安;负闪强度在44千安以上的地区包括北碚、渝北、开县、梁平、沙坪坝和合川,北碚最高,为45.8千安。37千安以下的包括荣昌、万盛、巫山和綦江,綦江最低,为34.5千安。鉴于正闪次数占总次数的比例有限,综合考虑正负闪雷电强度(以绝对值统计),以25平方千米统计,重庆市高雷电强度地区较为分散,总体而言,长江以北地区强度大于长江以南,尤其是雷电密度相对较小的东北部地区,雷电强度相对较强(图3.8)。

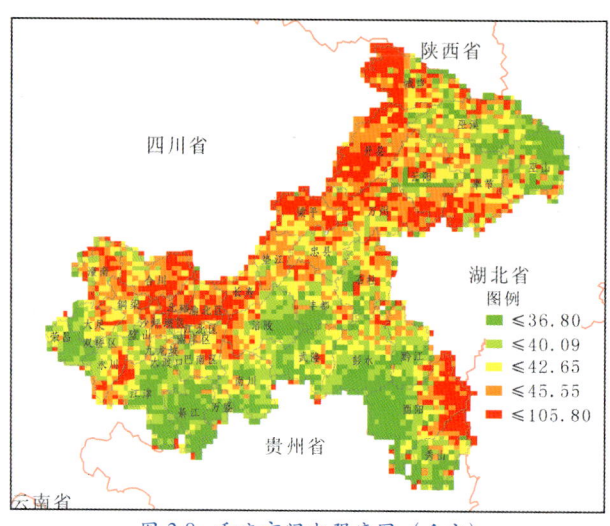

图3.8 重庆市闪电强度图(千安)

3 雷电活动规律

（3）闪电日数

年均雷电日数较多的地区在重庆西部偏西及西北的大足、荣昌、铜梁、合川等地以及中部涪陵、武隆等大部分和东南部彭水、酉阳的部分地区。城口、巫山、巫溪、奉节、云阳等东北部大部分地区是重庆市雷电日数较少的地区(图3.9)。其中，酉阳是全市40个区县中年平均雷电日数最多的地区，是唯一雷电日数达100天以上的区县，为110天。主城六区和双桥区相对雷电日数较小，都在50天以下。以单位面积雷电日数来统计，则主城六区和双桥区是单位面积雷电日数最多的地区，最小的地区则在巫溪和酉阳。

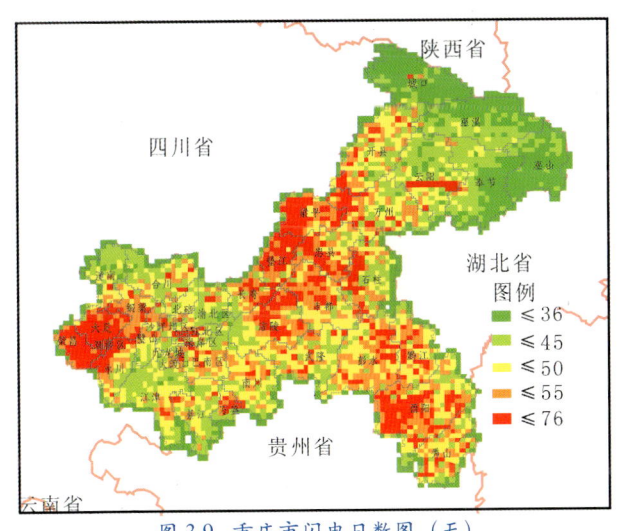

图3.9 重庆市闪电日数图（天）

3.4 雷电灾害特点

3.4.1 经济社会持续发展,雷电灾害日趋严重

我国经济持续高速地发展,特别是进入信息化社会以来,中、大规模集成电路广泛应用于各行各业乃至个人和家庭。如我们使用的各种现代化家用电器和手机,都采用了中、大规模集成电路。集成电路的工作电压只有几伏,耐受过电压、过电流的能力很弱。雷电产生的高电压、大电流和热效应、机械效应、电磁干扰等,使这些现代化电子电器设备很容易受损。

在信息化社会,我国雷电灾害的危害程度和造成的经济损失及社会影响越来越大,已成为信息时代的一大"公害"。作好防雷减灾工作,关系到每一个人的切身利益,应引起大家的高度关注。

3.4.2 雷电灾害在城市主要造成财产损失,在农村主要造成人员伤亡

由于历史原因和人们认识的局限性,用信息时代的要求来衡量我国城市现有的建筑物和构筑物,其防雷措施远远达不到要求,有的甚至就没有防雷装置。一旦遭到雷

3 雷电活动规律

击,各种现代化的生产设备、通讯系统、计算机网络、消防、监控系统等,轻则损坏、重者瘫痪,将会造成惨重的直接和间接经济损失。以重庆市为例,据不完全统计,在1998—2008年期间,全市的雷灾平均密度为4.69次/(10^4平方千米·年),其存在两个密度中心:一是重庆市主城区及其以东的中部地区,包括主城区、长寿、涪陵、南川;另一个是在东南部,包括黔江和秀山。其中以重庆主城区雷灾密度最大,77.43次/(10^4平方千米·年),是全市平均雷灾密度的16.5倍,充分说明人口密集的区域常常也是雷灾发生的主要区域(见图3.10)。从表3.1可以看出,雷

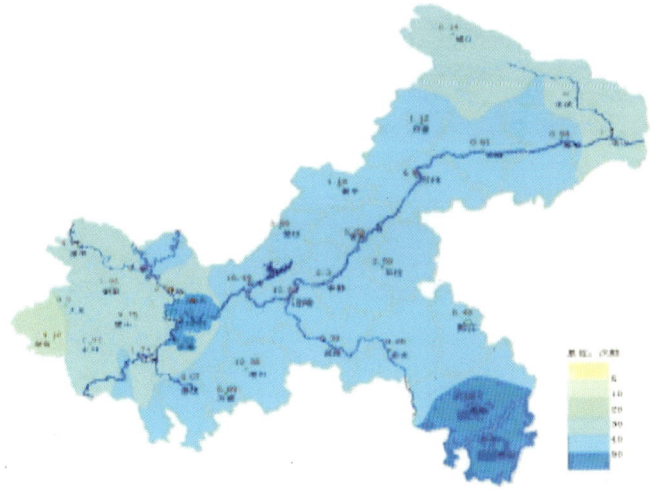

图3.10 雷电灾害空间分布图

灾多发生在城市，其事故数量与经济损失金额都远远超过农村，城市占事故总数的 2/3，农村只占 1/3；城市雷灾损失为农村的 7 倍。从表 3.2 可以看出，11 年来重庆农村共发生 275 次（平均每年有 25 次）雷灾，仅占全市雷灾总数 825 次的 33.3%；但农村公共设施、电器设备的雷灾经济

表 3.1　重庆市雷电灾害（1998—2008 年）统计数据表

区域	事故数量/次	比例/%	损失金额/万	比例/%
城市地区	550	66.7	8407.7	88.2
农村地区	275	33.3	1128.6	11.8
合计	825		9594.3	

表 3.2　重庆市农村雷电灾害统计表（1998—2008 年）

分类	事故数量/次	比例/%	损失金额/万	比例/%
建筑物	70	25.4	44.2	3.9
电气设备	119	43.3	417.6	37
公共设施	48	17.5	482.9	42.8
牲畜	10	3.6	5.7	0.5
其他	28	10.2	178.2	15.8
合计	275		1128.6 万	

3 雷电活动规律

损失占其雷灾经济损失总量的79.8%，事故数量占其总事故总数的60.8%。

农村由于地势开阔，还有不少的山地、高坡和水面，很少有高大的建筑物，人员在开阔的地面或山坡上劳动、行走或奔跑时，往往成为相对高点，如果再扛上锄头等金属工具，更容易遭到直击雷的侵袭，造成人员伤害。而在城市，由于街道两旁往往是高出人体的房屋建筑，有的建筑还有防直击雷的装置（避雷针、避雷带等），所以，同样是雷雨天，走在城市街道上或住在城市房屋里的人员，被雷击的概率远远小于农村。据统计，我国每年因雷击造成人员伤亡中的90%以上都发生在农村。以重庆为例，11年（1998—2008）来重庆农村雷灾人员伤亡总数为270人，占整个重庆市雷电伤亡总数291人的92.7%；其中室内的伤亡人数又占了农村伤亡人数的65.2%，主要原因是所在建（构）筑物绝大多数都没有防雷装置。其中室内雷击死亡数占其伤亡人数的33.5%，远远低于户外的相应比率，说明农村雷灾人员伤亡在户外死多于伤，而室内则伤多于死。重庆农村雷击灾害伤亡严重地区分别是綦江、万州、酉阳、开县，这四个地区雷击伤亡人数占重庆市总雷击伤亡数的52.5%（表3.3）。

表 3.3 重庆市总雷击伤亡数统计（1998—2008 年）

分类		人员伤亡数量/次		伤亡比例/%
		伤	死	
户内		117	59	65.2
户外	劳动时	4	12	5.9
	行走时	5	12	6.3
	其他	11	10	7.8
建筑物周围		22	18	14.8
合计		159	111	

目前，农村雷灾原因有二：一是地理位置特点。以重庆为例，其位于青藏高原东部，西风带气流绕过青藏高原形成南北分支，该区域处于两分支气流的汇合处，这里具有较强的动力不稳定，有利于热对流的产生。该地区地形复杂，下垫面（水、陆、森林、植被、地形）非均匀性引起受热不均匀，从而导致热力动力不稳定性，容易激发中小尺度天气过程，产生中小尺度热对流。另外，湿度条件充足。绕青藏高原南支气流是暖湿气流，给该地区大气上层输送了大量水汽；且在大气低层，大部分是半封闭地形，处于四川盆地底部的多条大河两岸水汽条件较好，重庆市

3 雷电活动规律

大部地区年均相对湿度为 78%～82%，上下层湿度条件充分，这是积雨云产生的必要条件，也是对流持续发展的重要原因。二是农村防雷意识不够，这同农村人群文化层次、防雷知识的宣传及对防雷重视不够有关。农村缺乏相应的防雷知识，自我防雷意识不够，雷雨中如何进行保护所知甚少。这是雷电伤亡人群主要产生在农村的重要内因。农村社会经济发展相对落后，防雷设施落后，并存在安全隐患。农村高层建筑少，民房低矮，装防雷装置的民房极少；民房一般处于空旷地带成为该区域的制高点；大部分民房房前屋后又种植了大树、竹子，这又增加了该地区的落雷概率，增加了事故发生的可能。随着新农村建设的不断深入，电视、电话、冰箱等家用电器大量走进农村，这些家用电器所用的电源、信号线路大都是由电线杆架空引入的，布线极不规范；许多民房还安装了电视接收天线。在这样的条件下更容易引起雷电感应、雷电波入侵等导致人员伤亡。如 2007 年 5 月 23 日，重庆开县义和镇兴业小学遭遇雷电袭击，造成四、六年级学生 7 人死亡、44 人受伤。事后调查得知，该小学无防雷装置，雷电流通过墙壁泄放入地时，导致室内大量人员伤亡。农业生产特点也是雷电人群伤亡隐患的外因。农民大多数情况是在田野、菜地劳动，这样农民就成为空矿地带的制高点。特别是有的农民在雷雨时经常在树下躲雨或打着雨伞或扛着铁锹，更容易使自己形成制高点而引来雷击。由于直接击中时雷电流很大，相对容易造成雷击人员死亡，户外雷灾的死亡率远远高于户内。

4 雷电灾害防御

4.1 工程性措施

4.1.1 农村建房选址

雷电灾害作为自然灾害的一种，有着明显的地域性和季节性，闪电极易对地面突出物的电阻率较低的地方放电，对人、畜、树木以及建筑物造成直接损害。在新农村整体规划时，应充分考虑当地的地质、水文、生态环境、防火防涝和交通等条件，同时要了解当地的雷电地理分布情况，尽量避开以下易遭雷击的地点：

（1）避开风口和顺风的河谷及迎风坡。因为当雷暴路径与风向一致时这些地方落雷几率较高。

（2）避开地下金属矿藏以及地下出水口处。因为这些区域与周围的大片土壤电阻率相对比局部电阻率较小，是雷电流对地泄放的首选位置。

（3）远离通信、电力等高耸铁塔附近。由于高耸的铁塔是雷击的重点目标。其接闪过程中产生的强大的电磁脉冲将对建筑物内的人和电气设备造成危害。

（4）避开土壤电阻率突变和水汽容易抬升之处。如岩石与土壤，山坡与稻田的交界处，陆地和河流、湖泊的交界处易遭受雷击。

（5）避开软弱土层、可液化沙层、河岸、古河道、陡坡、松软场地以及岩石山的山脚、土山的山顶。这些地方都容易遭到雷击。

（6）可能发生滑坡、坍塌、地裂、泥石流的地段。这些地方都容易遭到雷击。

4.1.2 农村建筑防雷装置设计与施工

这里指的普通农宅是高不大于 10 米，长 × 宽不大于 20 米 × 20 米或 24 米 × 16 米，农村自建不需要专业单位设计的砖或砖混结构住宅，其他建构物的雷电防护装置应按专业单位设计要求施工，如有疑问应咨询当地防雷中心或有防雷资质的单位。根据防雷装置的施工难易和普通农宅的实际情况，这里只介绍直击雷装置的施工要点，对由雷电波侵入、雷电感应等引起的雷电灾害防护可参看前述的防雷小知识和咨询当地防雷中心或有防雷设计、施工资质的单位。

直击雷装置分为接闪器（避雷带、避雷针）、引下线、接地极（见图 4.1～4.3）。

（1）接闪器的分布

1）采用装设在建筑物上的避雷带或避雷针或由这两种

4 雷电灾害防御

混合组成的接闪器。

2)避雷带应按图 4.4 要求在沿屋角、屋背、屋檐和檐角等易受雷击的部位敷设安装,在高于屋角、屋背、屋檐和檐角的建构物(如烟囱)上应敷设避雷带或安装避雷针(见图 4.5a)。

3)住宅屋顶上的突出金属物体,如旗杆、烟囱、铁栏杆、爬梯、电视接收器等,这些部件的金属导体都必须与避雷带焊接成一体。

4)避雷针用于保护住宅顶部高耸的设备或者部件,比如卫星电视接收器、太阳能热水器等,避雷针一般应与受保护物水平间隔 0.5 米以上(见图 4.5b),避雷针高度设置简易对照表(见图 4.5c)。

(2)避雷带的安装和施工

避雷带在坡屋顶和平屋顶的安装见图 4.6。

①总体要求

- 避雷带,宜采用明装避雷带。

- 避雷带材型应利用直径不小于 10 毫米的圆钢。

- 避雷带安装应平正顺直,固定点支持件间距均匀(不大于 1 米)、牢固可靠。避雷带应尽量沿女儿墙外沿敷设,避雷带转角处应随建筑物造型弯曲,弯曲角度不应小于 120 度。

②避雷带施工简介

- 避雷带支架在屋脊上的安装

A型必须现场浇制,在浇制时先将脊瓦敲去一角,使支座与脊瓦的砂浆连成一体,因此,应与土建同时施工(见图4.7 A)。

B型用电钻将脊瓦钻孔,再将支架插入孔内,用水泥砂浆填塞牢固(见图4.7 B)。

- 避雷带支架在住宅天沟上的安装

使用支架固定时,应随土建施工先设置好预埋件,将支架与预埋件进行焊接固定(见图4.8)。

- 避雷带支架在平屋顶屋面和女儿墙上的安装

避雷带支架在平屋顶屋面和女儿墙上的安装与避雷带支架在混凝土结构的屋脊和屋檐的安装相同(见图4.9)。

③焊接要求

避雷带(网)之间及与引下线的焊接,应采用搭接焊,搭接长度应符合以下规定:扁钢与扁钢搭接为扁钢宽度的2倍,不少于三面施焊;圆钢与圆钢或扁钢搭接为圆钢直径的6倍,双面施焊。

(3)避雷针的安装与施工

1)避雷针根据其架设的位置不同,其部件略有不同,

4 雷电灾害防御

但针体一般都是相同的，图 4.10 为避雷针各部件详图，一般安装在屋脊和山墙上的避雷针都没有底板和加劲肋。

2）避雷针应有良好的固定设施。

3）住宅上的避雷针、顶部避雷带和其他金属物体应焊接成一个整体。

4）避雷针及其接地装置，应采取自下而上的施工程序。先安装接地装置，后安装引下线，最后安装避雷针。

5）避雷针的固定方式并不唯一，可以根据实际情况选择合适的固定设施。在山墙上的安装见图 4.11，在侧墙上的安装见图 4.12，在屋面上的安装见图 4.13。

6）不得在避雷针构架上架设低压线路或通讯线路。

7）避雷针与引下线、避雷带的焊接应采用搭接为扁钢宽度的 2 倍，不少于三面施焊；圆钢或扁钢搭接为圆钢直径的 6 倍，双面施焊。

（4）引下线的安装与施工

1）住宅防直击雷的引下线不应少于两根，引下线应沿住宅四周均匀对称布置。

2）明敷引下线的敷设，引下线的固定方式有多种，使用的固定支架也不尽相同（如图 4.14 所示，为各种固定支架及其固定方法），推荐采用方钉卡。明装引下线按设计位置在建筑物主体施工时，预埋支持卡子，然后将引下线固定在支持卡子上。卡子之间的距离为2米。明敷引下线调直后，固定于埋设在墙体的支持卡子内，固定方法可用螺栓、焊接或卡固。

3）明装引下线保护管敷设明装引下线下部，应外套硬塑料管、竹管，以防止机械损伤，保护管深入地下不小于0.3米。塑料管和竹管的上口应封口，以防止管内积水，使引下线生锈腐蚀。保护管应用铁夹子固定在墙上，铁卡子离地面或离保护管上口的距离为0.3～0.4米，铁卡子一般采用25毫米×4毫米镀锌扁钢加工（见图4.15）。

（5）接地极的安装与施工

以人工接地极为例，介绍其安装示意图（见图4.16）。

1）人工接地体距建筑物出入口或人行道不应小于3米。当小于3米时应采取下列措施之一：

● 水平接地体局部深埋不应小于1米；

● 水平接地体局部应包绝缘物，可采用50～80毫米厚的沥青层；

● 采用沥青碎石地面或在接地体上面敷设50～80毫米厚的沥青层，其宽度应过接地体2米。

2）埋于土壤中的人工垂直接地体宜采用角钢、钢管或圆钢；埋于土壤中的人工水平接地体宜采用扁钢或圆钢。圆钢直径不应小于 10 毫米；扁钢截面不应小于 100 平方毫米，其厚不应小于 4 毫米；角钢厚度不应小于 4 毫米；钢管壁厚不应小于 3.5 毫米。在腐蚀性较强的土壤中，应采取热镀锌等防腐措施或加大截面。

3）接地线应与水平接地体的截面相同。

4）人工垂直接地体的长度宜为 2.5 米。人工垂直接地体间的距离及人工水平接地体间的距离宜为 5 米，当受地方限制时可适当减小（见图 4.17、图 4.18）。

5）人工接地体在土壤中的埋设深度不应小于 0.5 米。接地体应远离由于砖窑、烟道等高温影响使土壤电阻率升高的地方。

（6）利用建筑物金属体做防雷设施的做法

如是框架结构或砖混结构建筑可利用建筑物金属体做防雷设施，具体做法咨询当地防雷中心或有防雷资质的单位。

（7）电气系统的防雷做法

1）在规划新农村建设时，应尽量采取统一配电，在供电的变压器的高压侧装设高压避雷器（10 千伏阀式避雷器），该避雷器应要求当地电力部门负责安装。

2）在总变压器附近应设置一个总配电间，配电方式应采用 TN－S 系统。在总配电柜处安装通流量为 20 千安（10/350 微秒）的电源电涌保护器；可在住宅电线入户处安装通流量为 10 千安（8/20 微秒）的电源电涌保护器。设置 SPD 的住宅内应设置接地母排，接地母排与防雷接地装置直接连接，此处的接地电阻一般应不大于 4 欧姆（见图 4.19）。

3）安装 SPD 时，应使 SPD 两端的接线尽量短，以减小浪涌电流在 SPD 引线上的压降，每只 SPD 两端引线的总长不应超过 0.5 米。

4）在变压器到各用电户的线路宜采用铠装电缆或穿金属管埋地敷设，线缆在入户处应将电缆金属外皮、钢管等与接地装置相接。

5）如果由于经济或者其他原因难以实现全程埋地敷设，则架空线路至少应低于住宅，且必须在入户处由低压架空线转换成金属铠装电缆或护套电缆穿金属管直接埋地引入，埋地深度一般为 0.7～1 米，其埋地长度应不小于 15 米。

(8) 电子系统的防雷做法

1）为避免有线电视、电话、宽带网等线路遭受雷击，

4 雷电灾害防御

新农村建设时,应将有线电视、电话、宽带网等线路的布设实行统筹安排。

2)金属架空线路需要安装适配的信号 SPD。

3)信号 SPD 采用串联安装。

4)线路从总交换室到用户应采用穿金属管埋地敷设。

(9)其他设施或装置的防雷做法

1)太阳能热水器应在其金属架上焊接一根高于其顶部 1 米的接闪杆进行保护,也可设置一根独立的接闪杆对其进行保护,该接闪杆可兼顾卫星电视接收器。太阳能热水器和卫星电视接收器金属底座应与屋面的接闪器连接,且太阳能热水器应尽量使用橡胶管作为进出水管道。

2)对于设置在屋面的天窗,如果为金属边框,则金属边框必须与屋面的避雷带焊接。

3)设置在屋面的烟囱,均应在其顶端设计避雷环。圆钢直径不应小于 12 毫米,扁钢截面不应小于 100 平方毫米,其厚度不应小于 4 毫米。

4)对于进出住宅的金属管道(自来水管道、煤气管道等),应在入户处与防雷接地装置相连,当金属物或电气线路与防雷接地装置之间不相连时,其与引下线之间的距离应不小于 3 米。

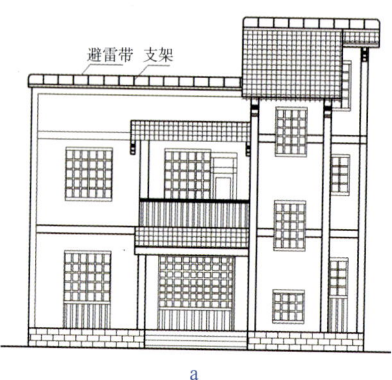

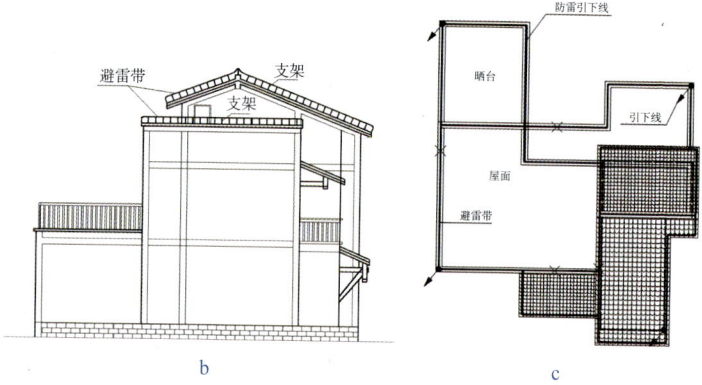

图4.1 巴渝新居（适用型）防雷平、立面布置图

4 雷电灾害防御

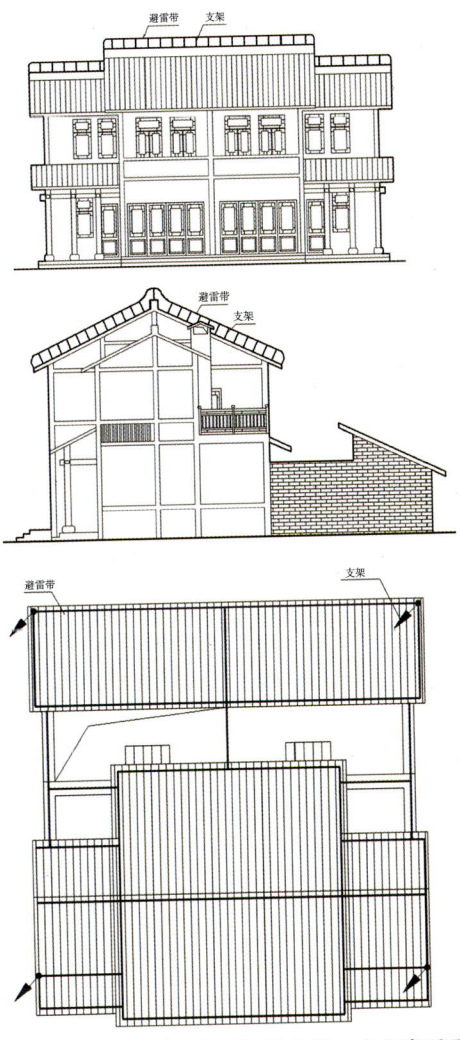

图 4.2 巴渝新居(经济型)防雷平、立面布置图

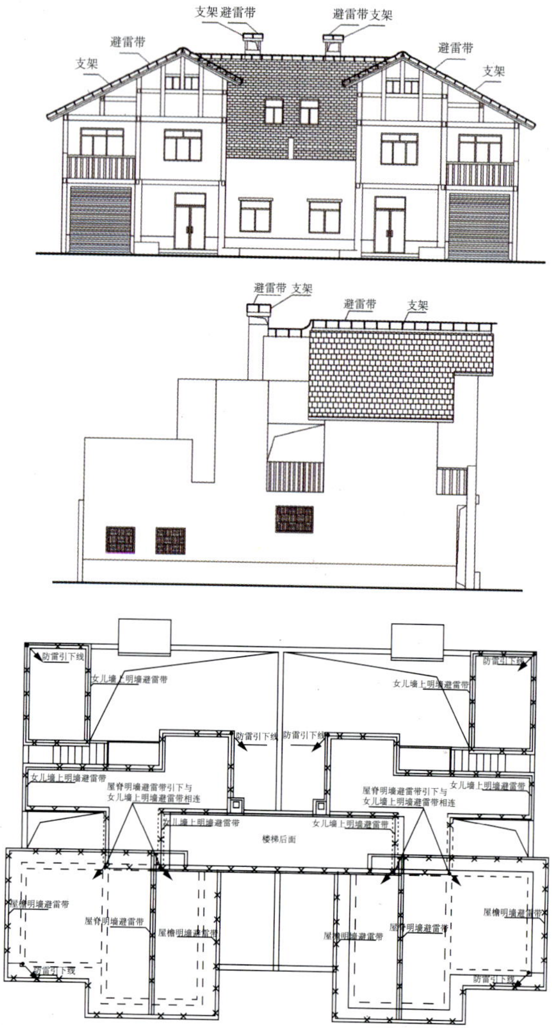

图 4.3 巴渝新居（小康型）防雷平、立面布置图

4 雷电灾害防御

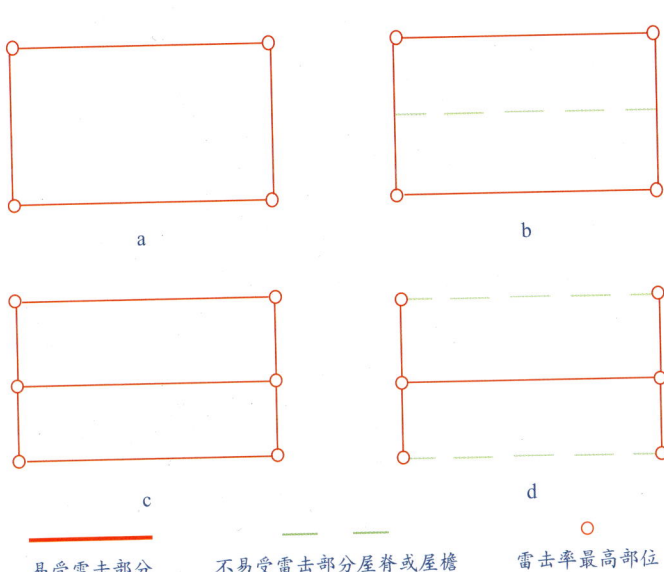

1. 平屋面或坡度不大于1/10的屋面——檐角、女儿墙、屋檐见图a、b。
2. 坡度大于1/10且小于1/2的屋面——屋角、屋脊、檐角、屋檐图c。
3. 坡度不小于1/2的屋面——屋角、屋脊、檐角图d。
4. 对图c和d，在屋脊有避雷带的情况下，当屋檐处于屋脊避雷带的保护范围内时屋檐上可不设避雷带。

图 4.4 建筑物易受雷击的部位

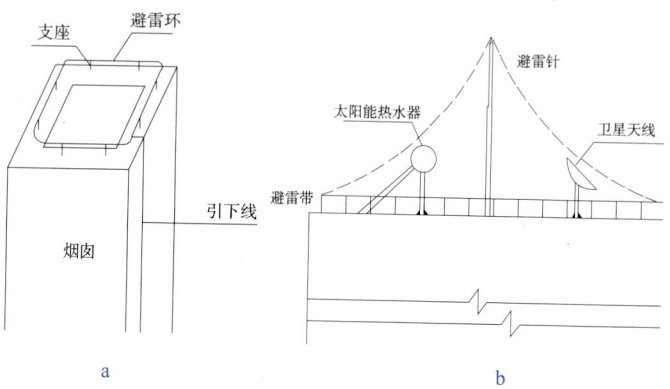

被保护物高度	避雷针与距保护物距离小于2米时的针高	避雷针与距保护物距离小于4米时的针高	避雷针与距保护物距离小于6米时的针高
不大于1米	不小于1.5米	不小于1.9米	不小于2.5米
不大于1.5米	不小于2米	不小于2.6米	不小于3.2米
不大于2米	不小于2.6米	不小于3.3米	不小于4米
不大于3米	不小于3.7米	不小于4.5米	不小于5.4米
不大于5米	不小于6米	不小于7米	不小于8.1米

c

图4.5 烟囱和住宅顶部高耸物接闪器安装及最小间距图

4 雷电灾害防御

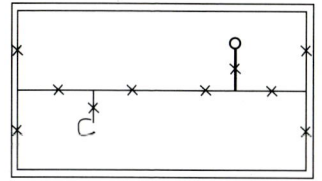

a 两坡顶防雷装置平面图

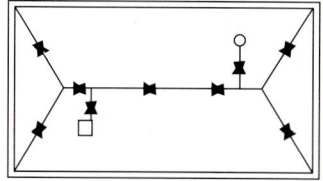

b 四坡顶防雷装置平面图

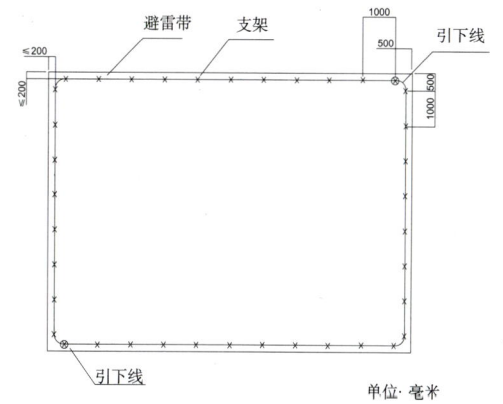

c 平层防雷装置平面图

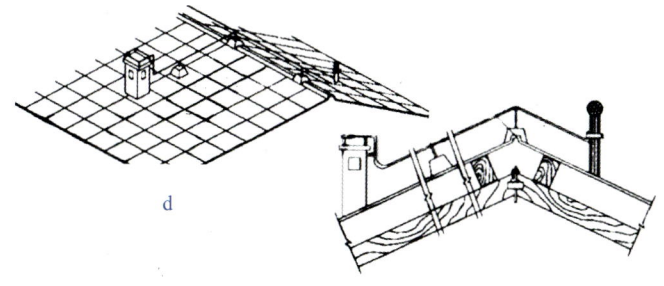

d

e 坡顶防雷装置局部图

图 4.6 坡屋顶和平屋顶避雷带安装图

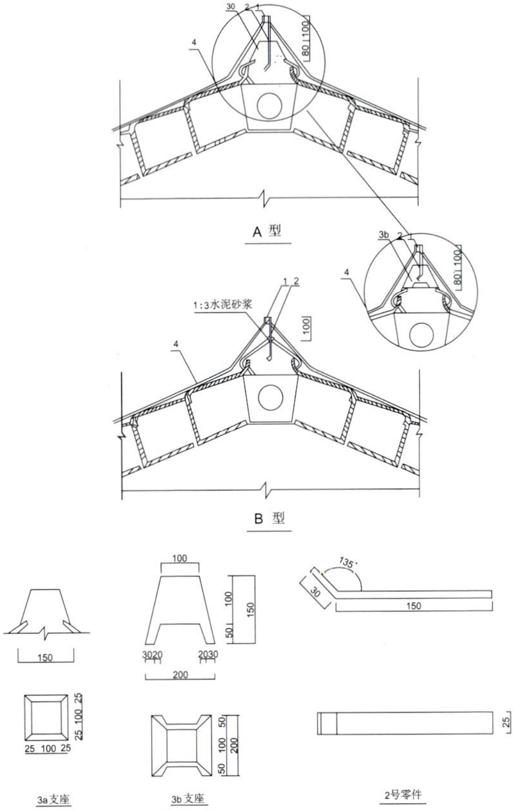

注：

1. A 型座必须现场浇制，在浇制时先将脊瓦敲去一角，使支座与脊瓦内的砂浆连成一体，因此应与土建同时施工。

2. B 型用电钻将脊瓦钻孔，再将支架插入孔内，用水泥砂浆填塞牢固。

3. 水平敷设支架间距为 1 米，拐弯处为 0.5 米。

4. 避雷带的固定采用焊接或卡固。

图 4.7 屋脊避雷带支架安装图

4 雷电灾害防御

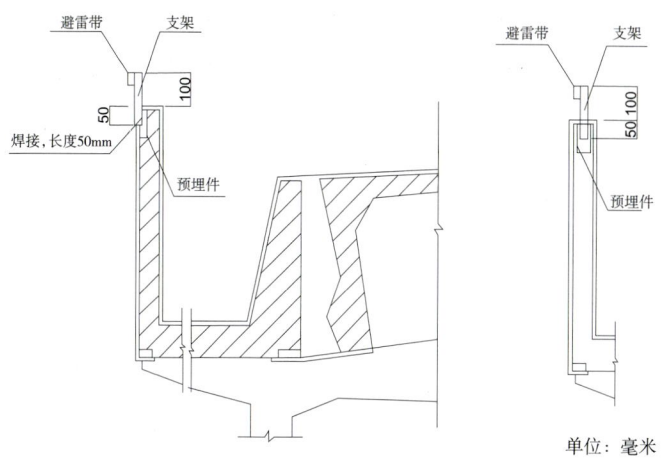

图 4.8 天沟避雷带支架安装图

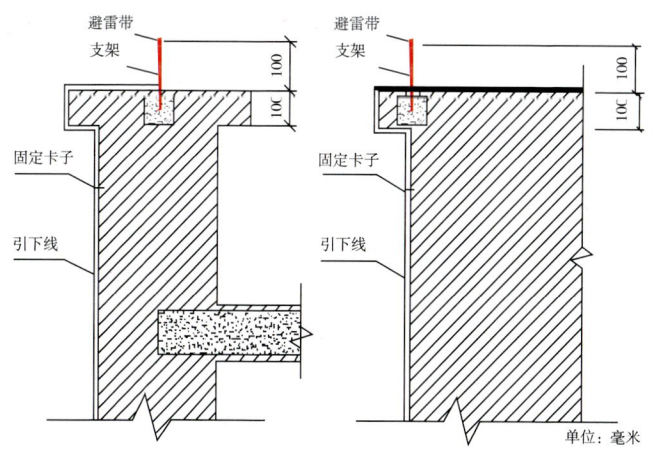

图 4.9 避雷带在女儿墙和平屋顶屋檐的安装

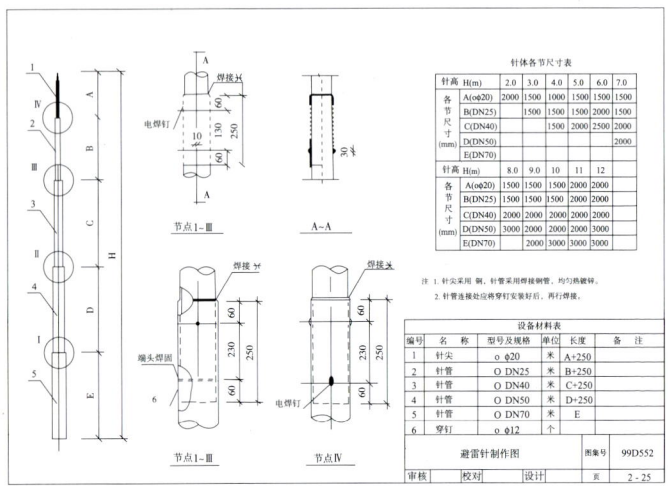

图 4.10 避雷针部件图

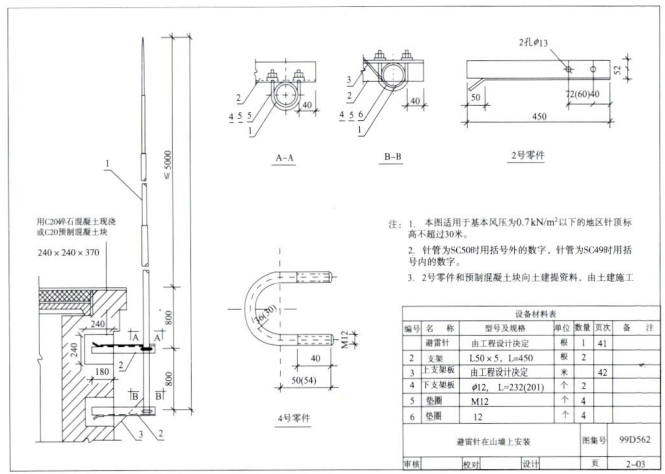

图 4.11 山墙避雷针安装图

4 雷电灾害防御

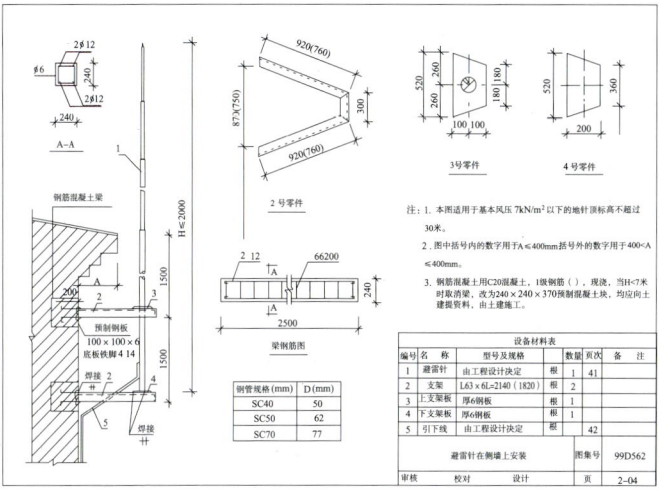

图4.12 侧墙避雷针安装图

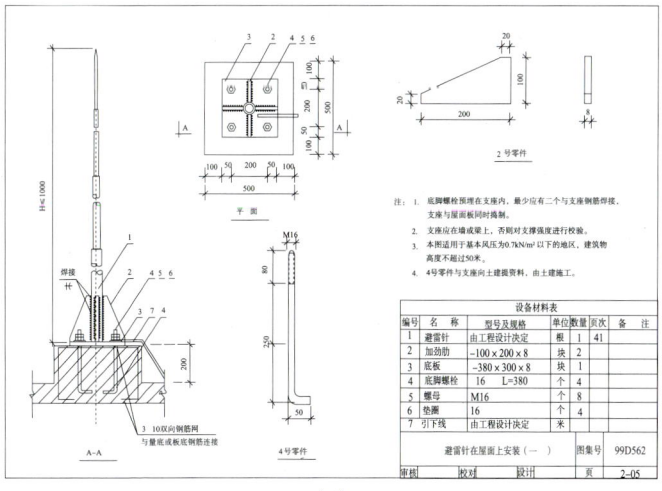

(a)

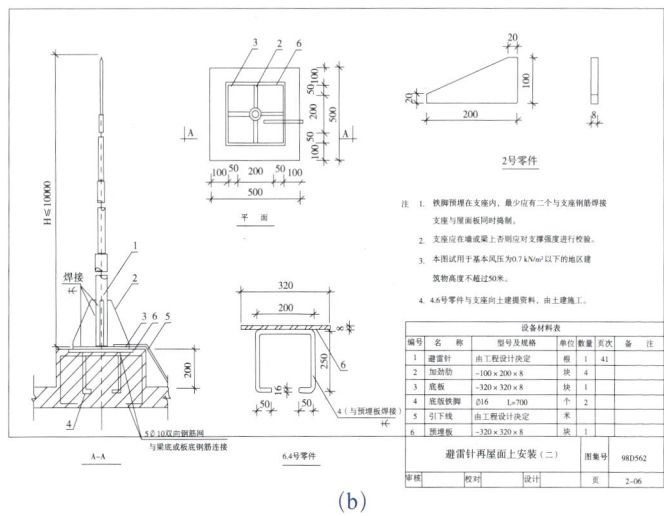

(b)

图 4.13 屋顶避雷针安装图

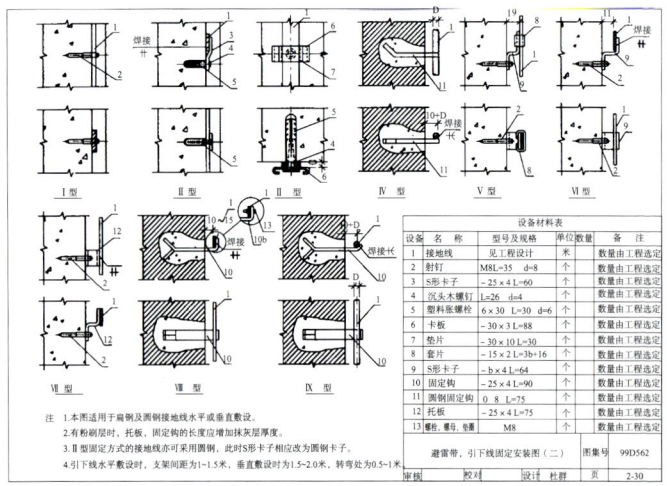

图 4.14 明敷引下线支架安装图

4 雷电灾害防御

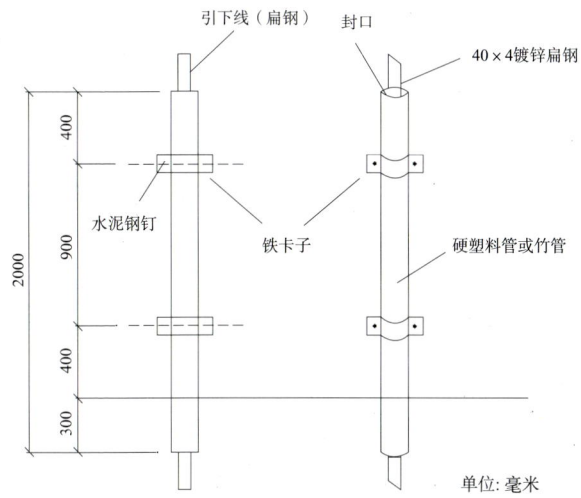

图 4.15 明敷引下线保护管安装图

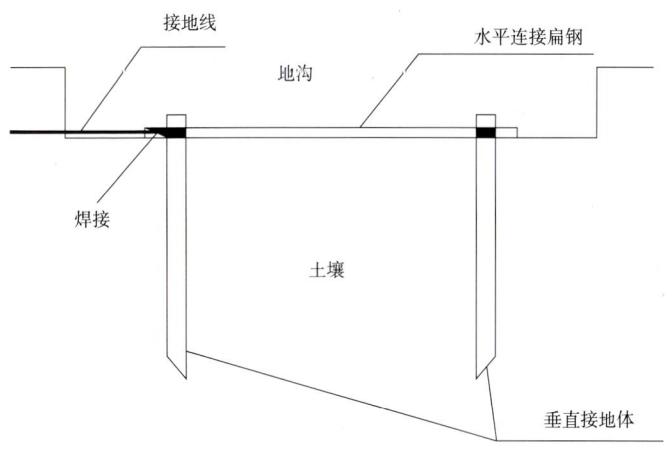

图 4.16 人工接地极安装示意图

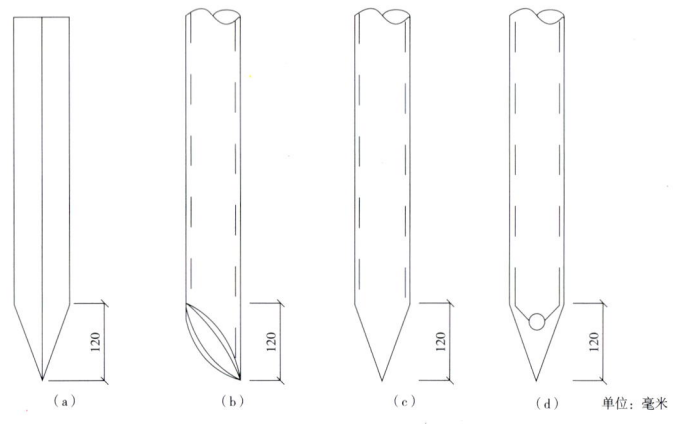

(a) 角钢接地体　　(b) 斜面形钢管接地体
(c) 扁尖形圆钢管接地体　　(d) 圆锥形钢管接地体

图 4.17　人工垂直接地体端部加工形状图

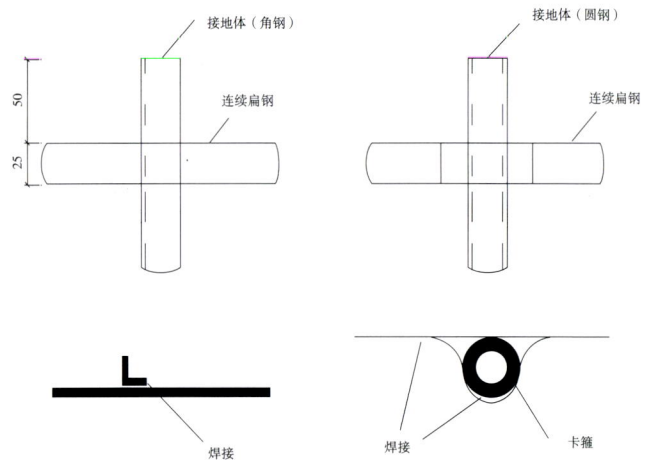

图 4.18　人工垂直接地体与水平接地体连接图

4 雷电灾害防御

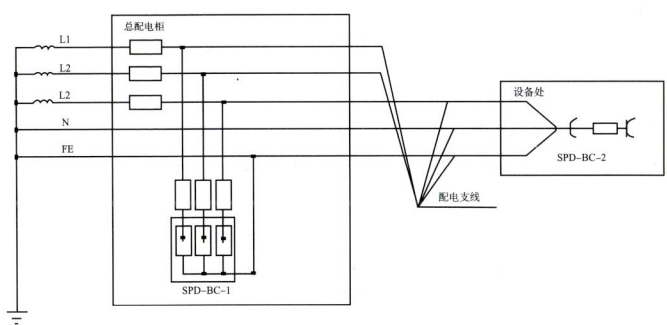

图 4.19 两级 SPD 设置示意图

4.1.3 家用电器雷电防护

雷雨季节影响电器安全的主要起因是雷电电磁感应或雷电波侵入,需要采取相应的雷电防护措施。

(1)建筑物应首先按照防雷规范的要求安装防雷装置。

(2)引入住宅的电源线、电话线、电视信号线均应屏蔽接地引入。

(3)雷电发生前,最好将家用电器的插头拔下,不看电视、不开空调、不打有线电话、不使用计算机等。有室外天线的,要拔下天线插头。

(4)对于农村较为普遍使用的太阳能热水器的防雷设施,应由专业人员进行设计和施工。较为可靠的办法是太阳能热水器处于避雷针(带)保护范围之内,如无法安装避雷针(带),应与屋顶防雷装置形成可靠电气连接。在雷雨天气时,不使用太阳能热水器。

（5）雷击引起电器起火，要立即切断电源，如果电气用具或插头仍在着火，千万不要用手去碰电器的开关。无法切断电源时，应用干粉灭火器等专用灭火器灭火，不要用水灭火。如果是电视机或计算机着火，应该用毛毯、棉被等物品扑灭火焰。对于自身无法扑灭的火灾，应迅速拨打"119"或"110"电话报警。

4.2 非工程性措施

4.2.1 雷电监测

（1）远距离、大范围雷电监测

闪电定位仪是远距离、大范围雷电监测的主要仪器。它的有效监测范围是150～200千米，精度为1千米。我国已安装近2000个探测点，不少省已在省内实现全省组网，今后要实现全国性联网。利用闪电定位仪的探测，结合卫星云图、气象雷达资料，可以较准确地预报预警当地雷电发生的时间、强度、移向、变化趋势等。闪电定位系统是用于闪电监测和预警的新型探测设备，可以自动、连续、实时监测闪电发生时间、方位、强度、极性等特征参数，在短时天气预报，尤其是对流性天气超短时预报的新手段之一。

4 雷电灾害防御

（2）近距离、小范围雷电监测

一些特殊场所，如：旅游景点、体育场所、高尔夫球场等，它更关心雷电在这些特殊场所发生的时间、强度等信息，以便及时采取措施，保护人身安全。近年来，以大气电场强度仪为主要探测手段的近距离、小范围雷电监测仪器已在我国上述地点安装上百套，该系统探测距离约为30千米，可提前半小时发出雷电预警信号。

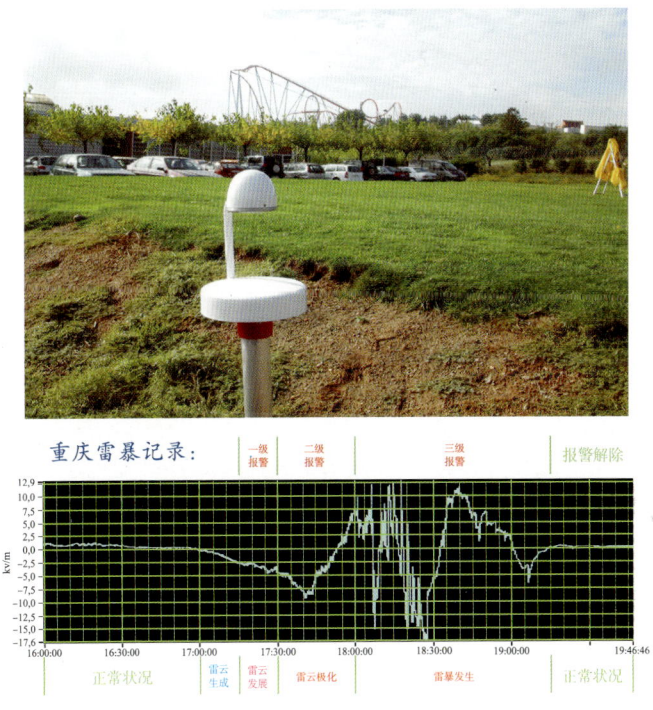

4.2.2 雷电预警预报

(1) 雷电预警信号

提前做好雷电防范工作，必须认识气象部门发布的雷电预警信号。雷电预警信号分三级，分别以黄色、橙色和红色表示越来越严重。

■ 雷电黄色预警信号

标准：6小时内可能发生雷电活动，可能会造成雷电灾害事故。

防御指南：

1) 政府及相关部门按照职责做好防雷工作；

2) 密切关注天气，尽量避免户外活动。

■ 雷电橙色预警信号

标准：2小时内发生雷电活动的可能性很大，或者已经受雷电活动影响，且可能持续，出现雷电灾害事故的可能性比较大。

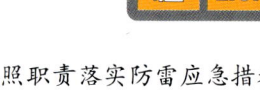

防御指南：

1) 政府及相关部门按照职责落实防雷应急措施；
2) 人员应当留在室内，并关好门窗；

4 雷电灾害防御

3）户外人员应当躲入有防雷设施的建筑物或者汽车内；

4）切断危险电源，不要在树下、电杆下、塔吊下避雨；

5）在空旷场地不要打伞，不要把农具、羽毛球拍、高尔夫球杆等扛在肩上。

■ **雷电红色预警信号**

标准：2小时内发生雷电活动的可能性非常大，或者已经有强烈的雷电活动发生，且可能持续，出现雷电灾害事故的可能性非常大。

防御指南：

1）政府及相关部门按照职责做好防雷应急抢险工作；

2）人员应当尽量躲入有防雷设施的建筑物或者汽车内，并关好门窗；

3）切勿接触天线、水管、铁丝网、金属门窗、建筑物外墙，远离电线等带电设备和其他类似金属装置；

4）尽量不要使用无防雷装置或者防雷装置不完备的电视、电话等电器；

5）密切注意雷电预警信息的发布。

（2）雷电预警预报

1）雷电临近预报

雷电临近预报可以根据雷达、卫星、闪电定位仪、大

气电场仪等观测实时资料,提供0～2小时的雷电预报产品;

2）雷电潜势预报

目前国家气象中心在强对流与强降水潜势预报业务平台上,增加雷电潜势预报客观方法研究和业务平台建设,完善雷暴分析预测手段,并指导全国雷电天气预报业务开展,实现对雷电及其相关的强对流性天气的移向、移速、强度、影响范围以及持续时间等的预报,形成天气潜势预报产品包括以0～3小时的间隔,给出未来0～12小时内雷电天气落区预报;6小时间隔,未来0～12小时雷电天气出现的概率的预报;3小时间隔,未来6～24小时目标区域雷电落区集合预报。

雷电监测和预警预报系统可以有效地实时地提供一定时间和区域内雷电发生概率,可以应用于各行业。特别是在一些特殊的场所,如高尔夫球场、爆炸物储存仓库、运动场、户外游乐场等。为在空旷地活动公众提供雷电预警信号,以便在雷电发生之前能及时撤离到安全的、有完善的直击雷防护措施的建筑物中;为公众日常活动及运动员特殊比赛提供雷电预警信息,如球场、运动场、公园、游泳池、马术中心和学校以及海滩、码头等大面积且较为密集空旷场地,以便保护人身安全;为露天作业人员以及易燃易爆物品的装卸和运送操作

4 雷电灾害防御

人员提供雷电预警信号,以确保这些人员的生命安全。

4.2.3 雷电预防与应急

(1) 自我预估雷电是否来临

在认真收听、收看天气预报的同时,还可以通过自己的感官来定性地估计雷电来临与否。

1) 仰望天空

当天空中的浓密乌云(积雨云)开始堆积变大变黑、发展很快时,就可能发生雷电。

2) 倾听杂音

打开收音机收听广播时,如果听到刺耳的杂音,即表示附近可能有雷雨云内放电现象(不过,注意要与附近可能的电磁干扰区分开来)。

3) 估计距离

判断雷电何时到达本地的最简单方法是,当看到闪电的一瞬间马上读秒,这是因为在闪电与伴随的雷声之间,会有一定的时间差。如果看见闪电后和听见雷声之间的时间间隔为 5 秒钟,表示雷闪发生在离自己约 1.5 千米左右的位置;如果是 1 秒钟,也就是一眨眼的时间就会听见雷声,说明雷闪位置就在附近 330 米左右。当遇到雷雨天气时,可以记住每次听到雷声与看见闪电的时间间隔是越来越长,

还是越来越短,以此来判断雷雨是逐渐远离而去,还是越来越近,从而采取一定的防范措施。

4)自我感觉

当你感觉到自己的头发竖起或皮肤有异样感觉时,那很可能就将受到雷击,此时,要立即采取措施,进行自我保护。

(2)雷电灾害预警及应急处置

1)各自然村宜设置公共LED雷电预警显示屏,实时接受当地气象主管机构发布的天气和雷电预警信息。

2)提前做好雷电防护设备的安全查实,警报期间应切断电源并做好人员疏散工作。

3)必须安装雷电防御装置的单位和个人,应当制定雷电灾害应急抢救方案,明确内部职责分工。雷电灾害应急抢救方案应当报送当地安全监管部门和气象主管机构备案。

4)已安装雷电防御装置的单位或业主,应当检查防雷安全管理制度的落实情况,完善雷电灾害事故应急抢救方案,委托合法的防雷检测机构进行防雷安全性能检测,对安全性能达不到要求的,应立即予以修复或更换。

5)发生雷电灾害事故的单位或场所,单位领导和有关工作人员应当立即赶到事故现场,根据本单位的雷电灾害事故应急抢救方案实施自救,采取有效措施排除险情,防止事故蔓延扩大。同时做好事故现场的保护并向当地政府、安全生产监管部门和气象主管机构报告灾情。当地政府接到灾害事故报告后,应当立即组织政府有关部门实施救灾。

6)发生雷电灾害事故时,事故当事人或知情者应当立即报告单位领导和当地气象主管机构,紧急情况应当报警求助。较大以上雷电灾害事故发生后,事故发生单位应当立即启动雷电灾害应急抢救方案,及时将事故发生时间、地点、起因、造成后果、已采取措施等情况报告当地人民政府、安全生产监管部门、气象主管机构及政府有关部门,当地气象主管机构接到报告后,应当立即报告上一级气象主管机构,并着手事故的调查处理。

4.2.4 防雷科普宣传

(1)防雷基本原则

遇到雷雨天气时,千万不要惊慌失措。一般来说,应掌握两条原则:一是要远离可能遭雷击的物体和场所,二是在室外时设法使自己及其随身携带的物品不要成为雷击的"爱物",按照"防雷避险六字诀",就可能避免遭受雷击的伤害。"防雷避险六字诀"为:

一是学,要学习有关雷电及其防护知识。

二是听，通过多种渠道，如电视、广播、报纸、"12121"电话、手机短信等，及时收听(收看)各级气象部门发布的雷电预报预警信息，不可听信谣传。

三是察，密切注意观察天气的变化情况，一旦发现某种异常的现象，要立即采取防雷避险措施。

四是断，在防雷救灾中，首先要切断可能导致二次灾害的电、煤气、水等灾源。

五是救，利用已经学过的一些救助知识，组织大家自救和互救，尤其对受雷击严重者要进行及时抢救。

六是保，除了个人保护外，还应利用社会防灾保险，以减少个人和单位的经济损失。

（2）企事业单位防雷常识

"该装的要装、该检的要检、该整改的要整改、该维护的要维护"，这是对农村或城市企事业单位防雷安全保障措施的基本要求。

——"该装的要装"，第一是指企事业单位的建筑物和电子电器设备（电子信息系统），要按照相关防雷技术规范的要求安装防雷装置。根据《建筑物防雷设计规范》（GB50057-94），建筑物按防雷要求分为三类：一类防雷建筑物是爆炸危险环境场所，二类防雷建筑物是"对国民

4 雷电灾害防御

经济有重要意义且装有大量电子设备的建筑物",或者是"预计雷击次数大于0.3次/年的住宅、办公楼等一般性民用建筑物",三类防雷建筑物是"预计雷击次数大于或等于0.06次/年,且小于或等于0.3次/年的住宅、办公楼等一般性民用建筑物,或者是"预计雷击次数大于或等于0.06次/年的一般性工业建筑物"。

按照以上规定,由于重庆地处雷电高发区,绝大多数企事业单位的建筑物及内部电子电器设备都应安装防雷装置,切不可为了省钱,不但触犯国家法律法规,更可怕的是留下防雷安全隐患。

第二是指要安装完善的防雷装置。《建筑物电子信息系统防雷技术规范》(GB50343-2004)明确规定,"应采用外部防雷和内部防雷等措施进行综合防护",如下图所示。

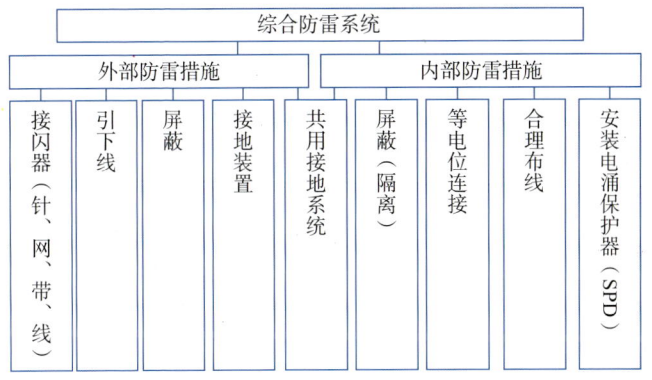

根据多年的实地雷电灾害现场调查和分析，大多数遭到雷击的企事业单位，往往是外部防雷装置（避雷针、避雷带等）有，但内部防雷装置却没有或很不完善，所以，我们要注意防雷装置一定要考虑综合防护系统的完善。

——"该检的要检"，是指投入使用后的防雷装置应当在每年雷雨季节前向当地气象防雷中心申报，对防雷装置进行安全检测（爆炸危险环境场所的防雷装置应当每半年检测一次），以确保防雷装置能正常发挥安全保障作用。

——"该整改的要整改"，是指经过检测，发现防雷装置出现问题，企事业单位要认真对待整改意见，及时整改，消除隐患，切不可怕麻烦或强调当年没预算，等年底作出预算，明年再说。由于整改不及时，当年出现雷电灾害，造成人员生命或国家财产重大损失，将依法追究有关人员的责任。

——"该维护的要维护"，是指企事业单位的防雷安全落实到责任人，建立防雷安全责任追究制度和定期雷电灾害风险评估制度，经常检查维护，确保防雷装置安全。

（3）个人防雷常识

1）户外防雷须知

①在雷雨季节，注意收看天气预报，做好雷电防范。

4 雷电灾害防御

②雷电发生时，应迅速躲入有防雷装置的建筑物内，或者很深的山洞里。汽车内是躲避雷击的理想地方。如果在游泳或船上应立即上岸，即使是在大的船上也应躲到船舱里。

③在野外无法躲入有防雷装置的建筑物内时，应远离树木、电线杆、烟囱等高耸、孤立的物体。不宜在铁栅栏、金属晾衣绳、架空金属体及铁路轨道附近停留。不宜进入无防雷装置的野外孤立的棚屋、岗亭等低矮建筑物。应远离输配电线、架空电话线缆等。尽量避开一些特别容易受到雷击的小块区域，如岩石断层处、较大的岩体裂缝、埋藏管道的地面出口处等。

④雷电发生时，如果找不到合适的避雷场所，应找一个地势低的地方，尽量降低重心和减少人体与地面的接触面积，可以蹲下，双脚并拢，手放膝上，身体向前屈，临时躲避。千万不要躺在地上，如能披上雨衣，防雷效果会更好。注意大家不要集中在一起，或者牵着手靠在一起。

⑤在空旷场地不要使用有金属杆的雨伞，不要把农具、

高尔夫球棍等物品扛在肩上。在蹲下避雷时,最好将身上金属物摘下,放在几米距离之外,尤其要将所戴的金属框眼镜拿下来。

⑥雷电发生时,不要游泳或从事其他水上运动及作业,如在稻田作业,不宜进行户外球类、攀爬、骑驾等运动,应该尽快离开水面以及其他空旷场地,寻找有防雷设施的地方躲避。

⑦雷电发生时,不宜骑摩托车或自行车赶路,打雷时切忌狂奔。

2)室内防雷要领

雷电发生时,室内相对户外是比较安全的,但仍需要防范球形雷和间接雷击的伤害。

①应关闭门窗,防止球形雷的侵入。

②在室内不要靠近更不要触摸各种金属管线,包括水管、暖气管、煤气管等。

4 雷电灾害防御

③尽量远离金属门窗、金属幕墙、有电源插座的地方,不要站在阳台上。

④房屋无符合规范要求的防雷装置,最好不要使用任何家用电器,包括电视机、收音机、计算机、有线电话、微波炉、洗衣机等,拔掉所有的插头。

⑤特别注意不能用太阳能热水器洗澡。

⑥如果不慎遭到雷击,应及时采取抢救措施。

(4) 雷击救护常识

1) 雷击对人体的伤害

雷击损害人体的生理效应大体有三种:一是强大的闪电脉冲电流通过心脏时,受害者会出现血管痉挛、脉搏停止,严重时会出现心室纤维性颤动,使心脏供血功能发生障碍或心脏停止跳动;二是当雷电

电流伤害大脑神经中枢时,使受害者停止呼吸;三是当强大的电流通过肌体时会造成电灼伤或肌肉闪电性麻痹,严重者导致死亡。

2) 雷电灼伤急救

①注意观察遭受雷击者有无意识丧失和呼吸、心跳骤

停的现象，先进行心肺复苏抢救，再处理电灼伤创面。

②如果伤者遭受雷击引起衣服着火，可往身上泼水，或者用厚外衣、毯子将身体裹住扑灭火焰。着火者也可在地上翻滚以扑灭火焰，或者爬在有水的洼地、池中熄灭火焰。

③电灼伤创面的处理，用冷水冷却伤处，然后盖上敷料。若无敷料可用清洁床单、被单、衣服等将伤者包裹后转送医院。

④原则上就近转送当地医院。如当地无条件治疗需要转送者，应掌握运送时机，要求伤者呼吸道通畅，无活动性出血，休克基本得到控制，转运途中要输液，采取抗休克措施，并注意减少途中颠簸。

3）"假死"人工呼吸急救

遭受雷击者出现雷击"假死"现象时，要立即组织现场抢救，将受伤者平躺在地，进行口对口（鼻）人工呼吸，同时要做心外按摩。抢救的同时要立即拨打120急救电话，通知急救中心派专业人员对受伤者进行有效的处置和抢救。

①口对口（鼻）人工呼吸急救法

● 使遭雷击者仰卧,迅速解开其衣扣,松开紧身的内衣、腰带，头不要垫高，以利呼吸。

● 使其头侧向一边，掰开其嘴巴，并清除其口腔中的

4 雷电灾害防御

痰液或血块。

● 使其头部尽量后仰、鼻孔朝上,下颚尖部与前胸部大体保持在一条水平线上,这样舌根才不会阻塞气道。

● 救护人跪蹲在被救者一侧,一只手捏紧其鼻孔,另一只手使其嘴巴张开,准备吹气。

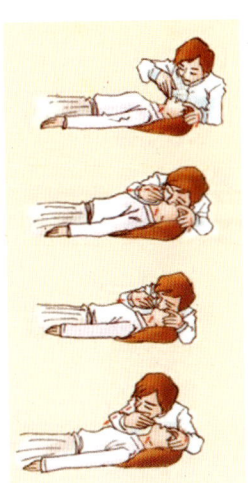

● 救护人深吸气后,紧贴被救者嘴巴吹气,吹气时要使被救者的胸部膨胀,对成年人每分钟大约吹气 14~16 次;对儿童每分钟大约吹气 18~24 次,不必捏鼻孔,让其自然漏气。

● 救护人换气时,要放松被救者的嘴巴和鼻子,让其自动呼吸。

● 在作人工呼吸过程中,若发现被救者有轻微的自然呼吸时,人工呼吸应与自然呼吸的节律相一致。

● 当正常呼吸有好转时,可暂停人工呼吸数秒并密切观察,若正常呼吸仍不能完全恢复,应立即继续进行人工呼吸。

②胸外心脏挤压法

● 使遭受雷击者仰卧在坚实的地面或木板上,救护姿势与口对口人工呼吸法相同，使呼吸道通畅，以保证挤压效果。

● 救护人跪蹲在被救者腰部一侧，或跨腰跪在其腰部两侧，两手相叠。手掌根部放在被救者心窝稍高，两乳头间略低，胸骨下三分之一处。

● 救护者两臂肘部伸直，掌根略带冲劲地用力垂直下压，压陷深度3～5厘米，压出心脏里的血液。成人每秒钟压一次。对儿童用力要稍轻，以免损伤胸骨，每分钟挤压次数100次为宜。

● 挤压后掌根应迅速全部放松，让被救者胸廓自动复原，血液又充满心脏，放松时掌根不必完全离开胸廓。

● 采用胸外心脏挤压法容易引起肋骨骨折，因此，压胸的位置和力的大小，都要十分注意。

附录1：农村典型雷电灾害案例

（1）屋顶查漏，闪电击爆电视将他震下

2006年7月6日早晨6点，石柱县下路镇福海村65岁村民谭春和醒来后，见雨越下越大，满屋子都漏了起来，赶忙到屋顶查漏。刚上屋顶还没2分钟，只听得"轰隆"一声，一道闪电顺着未取掉插头的电源线，瞬间击中屋内的电视机，引起爆炸。

一些残渣和气浪冲上屋顶，将正在屋顶的谭春和"顶"了下来，摔成重伤。

横飞木棒插入邻居屋顶

爆炸发生时，邻居郎启素还在睡梦之中。她说她只听到很强烈的一声巨响，紧接着她家的玻璃都被震碎了。孩子也被吓得哇哇大哭，她又听到自家楼上传来了稀里哗啦的一阵声响，等她上到楼上一看，只见一根木棒正插在自家的屋顶上，楼上瓦砾遍地。

她走出房门一看，才知邻居谭春和家电视机遭雷击爆炸了，一见邻居家的残状，郎启素惊得两腿迈都迈不动了。

伤者皮肤用毛巾一擦就脱

妻子牟华普在楼下正喂家蚕,她听到巨响后,转过身一看,后面的半边房子全倒了,漫天的灰尘一下就扑了过来,她一把拉着外孙,好不容易才冲出了房门。

等出了房门一看,外面大雨如注,地坝里已是没膝的积水。牟华等普喊了好半天丈夫的名字,最后总算才在一垛未倒塌的墙角里,找到了已经奄奄一息、全身赤裸、浑身焦黑的谭春和。缺乏电击处理常识的牟华普,一见丈夫浑身焦黑,她想都没想地就拿起毛巾给丈夫擦身,丈夫的身上立即就像刮蛇皮一样,表皮直往下脱……

目前,谭春和在石柱县医院医治,已经脱离危险。当地政府和村委知道此事后,先后已派人进行查看、慰问。

(重庆时报 2006.07.13)

(2) 关心外婆,9龄儿童室外遭雷击身亡

2005年5月4日约17时左右,重庆市忠县东溪镇社区居委会二组90号发生雷击伤人事故。学生陈礼,9岁,坐在自家瓦房屋檐下石头凳上,眼看天上即将下雨,而其外婆还要出门干农活,就赶紧阻止其外婆外出。其外婆刚回到家放下农具,这时天空已电闪雷鸣。只听到"咔嚓"

附 录

一声,陈礼突然倒下,并当场死亡。除陈礼死亡外,该住户家中电视、电话均被损坏。

(3) 农妇洗拖把遭雷击昏迷

2005年7月20日下午,重煤集团南桐矿业公司矿区一妇女在家洗拖把时遭雷击当场昏迷。

当日15时左右,当地正在打雷下雨,35岁的张姓农妇在自家二楼走廊转角处洗拖把,突然一声"霹雳",张某当场被闪电击中,昏倒在地,衣服被烧焦。家人发现后,及时将其送到南桐矿业公司总医院抢救。张苏醒过来,但其主治医师胡医生介绍,还需要继续观察。

据万盛气象部门分析,当时万盛区大部分地区出现了强对流天气,局部地区出现了强雷暴降水天气,而南桐矿业公司所在片区正是强雷暴区。气象专家提醒,除洗拖把时需要防雷,手机、插着网线或者电源的电脑也很容易引来感应雷。

(重庆商报 2005.7.21)

(4) 雷击窗户 墙体炸裂

2004年5月27日,某县某村民一新建住房塑钢窗遭受雷击。据该村民介绍，当天雷雨交加，只听到"咔嚓"一声巨响，感觉地震一样，发现窗户外面有碎瓷砖和混凝土掉下。雨停后到院子一看，发现窗户外墙体多处炸裂（如图所示），瓷砖脱落掉下，所幸当时无人员经过，未造成人员伤亡。

（5）台灯下做作业　北碚一九龄男童遭雷击身亡

日前，北碚一名9龄男童在家里的台灯下做作业时，突遭雷击身亡。当地防雷中心介绍称，当时雷击发生后将电流传给了室内墙上的电线，然后再通过电线把电流传到了小孩所在的台灯上面，造成其当场死亡。

响雷过后　九龄童倒在烟雾中

这名遭雷电击中的小孩叫嘉煊（化名），家住北碚区澄江镇转龙村，今年9岁多，在北碚某小学读四年级。昨天，嘉煊60多岁的爷爷对记者介绍称，7月9日上午，雨下得很大，不时有大雷打过，孙子嘉煊则赤着上身穿着一条短裤并赤着双脚，坐在一房间里窗户下的台灯边作暑假作业。

附录

据嘉煊64岁的婆婆介绍，当天上午10：05左右，突然一个响雷打来，电被击停了，爷爷到嘉煊的房间里一看，电线从墙上掉了下来，屋子里烟雾弥漫，有烧焦的味道，四处尘土一片，嘉煊侧倒在地上。他马上将其抱起，但感觉没有一点反应。这时，爷爷还看到嘉煊额头上有3道黑乎乎的痕迹，右边太阳穴上也有一点黑色，脖子和腿也青了。爷爷打开嘉煊的眼睛，发现瞳孔已经放大，没有了呼吸。

当地民政部门称，事发后他们已破例为死者解决了400元丧葬费。

现场还原 天降雷电穿墙夺命

昨天，北碚防雷中心贺主任介绍称，事发后他们立即赶到现场展开调查。

经初步判断，雷电先从房顶上往下炸，当到达屋子里时，墙壁上的电线被击中炸裂，然后再将电流传导给了亮着的台灯，在电流和雷电强大的电磁波的共同作用下，伏在台灯旁边做作业的小孩最后被击中身亡。贺主任还介绍称，从事发现场来看，当时雷电自上而下，到达屋子里后，空气膨胀产生机械效应，然后墙壁四周被炸成了3个凹坑。

专家提醒　遇雷雨天请切断电源

北碚防雷中心贺主任还提醒市民称,夏天是多雷的季节,当雷电发生时,市民在家最好拔掉家用电器的插座,以免电器被烧毁,更重要的是防雷电通过电器传到人身上,造成不必要的人身伤亡事故。

北碚澄江镇转龙村,死者的婆婆正讲述雷击时的情景

(6)惊雷炸穿五层楼

一个惊雷炸响之后,碎砖块和着雨水从楼顶滚落下来,底楼天花板被击出拳头大的一个洞,墙壁上的电表被"撕裂"成几块,而近20米高五层楼楼房的"动脉"——电线

附 录

也被烧毁。

这是 2002 年 7 月 5 日记者从市防雷办获悉的一起发生在梁平县的雷击事件,事件发生地该县七桥镇云锋村五组村民张龙成的家中,时间是 2002 年 6 月 6 日上午 10 点左右。

从雷电最后接触的顶楼到楼底,垂直距离近 20 米。但那瞬间的雷电,"穿透"了这近 20 米的楼房。楼顶上的一堵砖墙被雷击垮,楼顶及其他楼层一共被击出五六个洞,灯泡、开关、电表被打烂了……

新楼为何成目标

1999 年下半年才完成投入使用的新楼房为何会成为雷击的目标?其实,就在张家附近还有更高的楼房,但其他楼房都建有防雷设施,张家却没有。市防雷中心的鉴定报告证实,没有防雷设施正是张家楼房被雷击的原因。

而该楼建防雷设施的费用仅需五六百元。市防雷办公室主任、防雷专家李良福表示,问题的根本原因并非钞票的问题,而是大家的意识不到位。在如今小城镇快速发展之际,这是一个值得引起全市各区县镇领导和各级部门高度重视的问题。

现代技术可解决

李良福介绍,而今主城区和县城一级的房屋等建筑物大都设置了防雷设施,但随着小城镇的发展,过去一层楼的住宅现在变成了五六层,成为雷击目标。而当地的主管部门又对防雷不熟悉,技术水平相对落后,因此,间接造成了防雷"盲区"的诞生。

据市防雷办的资料显示,今年以来,璧山、大足等地也发生了类似事故。去年,我市发生的小城镇雷击事故,造成直接经济损失近100万元。近年来全市的总雷击损失年平均近两亿元。

李良福说,这些原本都是运用现代防雷技术可以预防解决的。

(重庆晨报 2002.7.8)

附 录

（7）一声雷响，击穿厨房

2005年4月29日清晨6点，涪陵打雷下雨，蔺市镇大桥村1社27岁的村民周永忠，在厨房做早饭时被雷击中，后在医院死亡。但村民们疑惑，厨房并非当地最高点，雷怎么会就击中了这里呢？

一声雷响一条命

周的父亲周全德说，当日早上6点，外面还在下小雨。周永忠要去钓鱼，便自己跑去厨房煮鸡蛋吃。刚等他从冰箱里拿了鸡蛋去厨房，外面雨就突然下大了。一个大雷打过，便听到"嘣"，有类似锅爆了的声音，待周父跑到厨房一看，周已经躺在灶台边的地上了。

记者在周家厨房看到，一米高的灶台上放着电子打火灶，有一液化气罐倒在旁边地上，气罐的管子都已经断裂。厨房屋顶有三个洞，正对灶台的洞最大，有5.6寸宽，1尺来长。

当时在场的周父说，看到儿子倒在地上，"不知哪来的劲"，一把抱起他，他背部全都焦了，还有淤青。后送到当地中心医院，在医院死亡。

房子没装避雷针

"房子没装避雷针？"周父回答："这里地势又不高，我们家也不是这里最高的房子，装啥避雷针嘛。"记者环视四周，的确，而且厨房后面还有一棵碗口粗的大树，高出屋子许多。记者看到，该树距离地面不到1米处，有很大一块树皮被劈落，估计也是雷打的。

"就有那么巧，真的是遇到了哦！"周父无奈。

（重庆晨报　2005.04.30）

（8）雷击引起火灾，烧了三天

2005年8月3日，重庆市北碚区西山坪西山村岩口社刘庆东家因雷击起火燃烧，烧毁房屋一间，造成直接经济损失约4万元。

岩口社位于北碚区西山坪半山腰上，距离北碚县城10千米左右。受灾居民刘庆东家位于岩口社西面第一家，其背面紧挨竹林。该民房周围为农田，无工厂、重要建筑物及构筑物，所处西山村为典型的丘陵地形地貌，南高北低地形。年平均雷暴日为51日左右。该民房四周围墙由石头堆砌而成，屋梁由木头搭建，屋顶用瓦片搭成坡屋面。屋顶最高点离地面6米，距其上方高压线5米。该民房建于1998年，为自建房，无任何防雷设施。

据刘庆东母亲（现场第一目击者）回忆，2005年8月3日凌晨4点左右，巨大的雷声将其惊醒。刘母起床查看，

附 录

发现西边第一间屋发生火灾，随即向紧挨刘家的岩口社居民呼救。据随后即到的目击者村民刘成群、李斌、刘运静等介绍，到达现场后，发现火势凶猛，屋顶已被烧塌，屋内所有家具、电器等已经全部烧毁，并且火势已经蔓延到第二间屋。为防止火继续蔓延，村民们自发组织现场人员拆掉第二间屋屋顶瓦片，并及时扑灭大火。

被雷击起火后烧毁现场

据刘庆东介绍，火烧了 3 天才完全熄灭，屋内所有家具、粮食、电器（电视、VCD、音箱等）等全被烧毁。据现场勘查资料显示，两间民房全部被烧毁，房屋解体、倒塌，入户电源线、电话线、电视闭路线等全被烧毁。初步统计，此次事故造成刘庆东家直接经济损失约 4 万元。

（9）雷击高压线火花引发山火

重庆市璧山县地处重庆西部近郊，地处交通要道，是重庆市的西大门，也是川西及重庆西部各县市通过汽车到重庆的必经之地。璧山县属于多雷暴地区，年平均雷暴日37天，其中最高达到63天。

2005年7月15日早上6点30分—9点30分，璧山县璧城镇双龙村一社团山堡发生强雷暴天气，据当地村民介绍，当时电闪雷鸣，突然"喀嚓"一声雷响，发现不远处架设的高压线路断线并伴有火花，随后发现附近火光冲天，浓烟滚滚。该村民立刻向相关部门反映情况，并及时自发组织人员上山灭火。据不完全统计，此次雷击起火共烧毁枇杷树240根、桃树21根，直接经济损失约50万元。

（10）雷击惹祸 停电20小时鱼死万斤

连续停电20小时后，巴南区3家养鱼户承包的52亩鱼塘内，一万多斤成鱼因增氧机停摆出现死亡。据电力公司称，停电是因雷击造成高压线故障引起的。

鱼塘：成片漂浮死鱼

2006年8月25日上午，记者来到巴南区石滩镇先锋村黄泥沟社，看到50多亩的一片鱼塘（鱼塘一部分属接龙镇荷花村）水面上，成片漂浮着翻肚皮的死鱼，岸边也堆着被打捞上来的死鱼，已发出恶臭。为防死鱼污染水质，村民们还在赶紧打捞死鱼。

"十多斤一条的草鱼，就这样死了。"养鱼户霍之元心痛不已。霍介绍，这52亩鱼塘是他和侄子霍斌及另一亲戚共同承包下来，共养了草鱼、白鲢15000斤，大多是即将出售的成鱼。从20日下午起停电21小时后，鱼死了近八成，以每斤4元计算，三家人损失5万余元。

养鱼户：停电惹的祸

"死鱼是因为停电导致增氧机无法使用造成的。"霍斌认为，20日下午两点，下了一阵暴雨后，先锋村一带突然停电。之前停电几小时或半天，村里都会用广播通知，这次他们也认为停电不会很久，就没做什么准备。

到当晚8点，电还不来，他们开始向接龙变电所石滩经营部及线路维修工作人员打电话，但打不通。到21日凌晨3点，鱼开始"翻白"，出现大量死亡。21日上午10点，电终于来了。记者了解到，21日，镇里得知情况后到现场查看，估计死鱼8000余斤。22日，鱼又死了约3000斤。

电力公司：我们无责

记者采访巴南区电力公司。公司法律顾问王先生称，电力公司已就此展开调查,不过"电力公司不应承担责任"。因为公司在发现龙滩线凉水支线断电后,就立即组织了8人抢修队分组检查故障原因,但范围太大,第二天上午10时才找到故障原因——65号电杆电磁瓶破裂,随后及时抢修。

王先生认为,停电并非例行检修,而系雷击、暴雨等不可抗力因素造成,因此,并非应该先行告知。

（重庆晨报 2006.8.26）

（11）蹊跷炸雷竟两次击中同一房顶

2006年4月20日凌晨,一个炸雷炸穿了铜梁县一居民家屋顶,房屋主人却并不惊慌,只是很无奈:因为这是他家在半年内第二次被雷击中,昨天炸穿的地方正巧是刚刚补上的破洞!

凌晨炸雷击穿房顶

这家房屋的主人是铜梁县巴川镇泸洞村的刘永栋。凌晨的这声炸雷将他家的房顶炸穿了两个洞。楼梯间到处散落着被雷击碎的瓦块,家门口直径约13厘米的树被拦腰炸成几段。

"我好倒霉哦！" 刘永栋说,铜梁县最近几天的天气变化较大,凌晨1点开始打起雷来。中间时不时夹杂的几声炸雷,让人心惊胆颤。当时他就捏了一把汗:"自己家的房屋老是被雷公相中,去年年底就曾经被雷击穿过一次。这次不会又选中我家吧?"

他的预感很快变成现实:"砰!"突然一个炸雷在他头顶炸响,他立刻抱着头蹲在地上,就听见家里东西劈劈啪啪乱响,半天才敢抬头,一看,结果发现自己家的房顶上多出了两个洞,遍的都是散落的瓦块。

高压线成导雷线?

天亮后,刘永栋检查发现,自家的电话坏了,提起听筒没有一点声音。更令他郁闷的是:这次被雷击穿的房顶上的洞竟然有一个是自己前次刚刚补上的。刘家左右两边邻居家的电视都坏了。对于自己家连续两次被雷击中,刘永栋推测,距离自己家附近 10 米左右的高压线可能是将雷吸引到自己屋顶的罪魁祸首。

就此事,记者昨天咨询了市气象局防雷中心,工作人员说,雷两次击中同一个地方的几率确实不高,高压线是否是导火索,需要实地考察后才能得出结论。

工作人员建议刘家应尽快向当地气象部门备案,及早解决问题。

(重庆晨报 2006.4.21)

（12）割藤菜遭雷击一死两伤

2004年8月15日18时，南岸区长生镇幺子岗村3位村民在地里抢收藤菜时被落地雷击中，一死两伤。

19时30分，记者赶到现场，唐女士的尸体还摆放在田边小路上。她丈夫告诉记者，当时外面下着大雨，突然听到"轰"的一声雷响。"几分钟后听说有人被雷打死了，我赶去一看，是我的妻子。"

目击者蒋先生介绍，那个炸雷威力十分惊人，唐某后脑部被击穿一个洞，后背和颈部灼伤，当场毙命；还有两人受伤，我们立刻拨打"120"。18时30分，伤者被送往市急救中心。

21时，记者赶到市急救中心。受伤两人是夫妻，妻子张某介绍："当时炸雷一响，我感觉头顶像挨了一闷棒，痛惨了；回头看时，丈夫已扑倒在地一动不动，到了医院才清醒。""娃儿的学费就指望着田里的新鲜蔬菜，所以才冒雨抢收，哪里想到会遭雷打哟！"丈夫向某十分痛苦地说。

21时10分，值班医生介绍，经检查，两人已没有生命危险。

（重庆晚报 2004.08.16.）

（13）宁波：一男子甬江边准备下水洗澡，不幸遭雷击身亡

2007年8月28日傍晚6点，宁波正在下暴雨，安徽籍男子王某下班后来到甬江边，准备下水洗澡，被雷击中不幸身亡。与王某同行的是他老乡35岁的汪某，他昨天下午在小港派出所讲述了这段可怕的经历。

"我们经常在甬江洗澡，当时天气闷热，就又去了。"汪某说，他们在北仑小港街道某工厂打工，住在甬江边的朱田村。前天下午6点，他们赶到甬江堤坝边时，已是乌云密布，风也开始变大。脱下外衣准备下水，天空下起了雨，他们商量着先去附近躲雨，开始收拾衣物。

"我突然感觉身上一麻，眼前一黑，什么都不知道了。"不知过了多久，汪某被大雨浇醒，艰难地睁开眼睛，发现王某倒在不远处，一动不动。汪某知道是被雷劈了，爬到王某身边，拼命地摇他，但他没一点反应，鼻息也没了。

惊恐之下，汪某挣扎着爬起来，跑到附近找了几名骑摩托车的男子，一起把王某抬进路边一间房子，然后报了警。小港派出所民警和120急救车很快赶到，但王某已经死亡。

29日，经过法医鉴定，王某系雷击身亡。

（东南商报 2007.08.30）

（14）雨后收衣服，村民遭雷击

2005年7月20日下午，万盛区普降大雨。下午3时许，万东镇莲池村小湾社村民赵梅（化名）在大雨停歇的时候上自家屋顶阁楼上收衣服时遭到雷击，衣服被烧焦，当场昏厥过去，后经医院抢救幸无大碍。

在万盛区南桐总医院外科住院部，惊魂未定的赵梅对记者说，下午3点钟左右，大雨停歇下来，赵梅便抽空将拖把拿到二楼房顶上的水池里洗干净。洗完拖把后，赵梅就站在阁楼处准备把晾干的衣服收起来。右手刚一抬，一团亮光便在右手处闪过，一瞬间，自己便感觉全身针刺般麻木，一下倒在了地上。倒地后，赵梅用稍有知觉的左手抓住地上的木梯，使了使劲，向走上楼的弟弟求救。不一会附近的邻居们都赶过来，帮着医生把自己抬上救护车。

经医生诊断，赵梅除后脑在摔倒时撞了个洞以外，仅右胸腹部被轻微烧伤，没有大碍。

（重庆时报 2005.7.21）

（15）村民屋顶收稻谷雷电击中不幸身亡

8月27日下午，綦江县古南镇一村民在自家屋顶收稻谷时，遭雷击当场死亡。死者家住綦江县古南镇堰岗村柏家沟社，名叫李福勤，今年46岁。当天下午5时许，天空下着小雨，他到屋顶收晾晒的稻谷，下午6时许，他突然被雷电击倒。医生赶来时，他已经死亡。

昨天中午，记者在现场看到，李家屋顶边缘被雷击出一个碗口大小的洞。经綦江县气象防雷中心和市防雷中心相关人士鉴定，死者遭遇的是直击雷。

（16）夫妻路过树下，不幸雷击身亡

2005年4月30日上午7时左右，垫江周嘉镇均田村民段阳平夫妇刚在自家地里撒完了肥料，天下起了大雨，夫妇俩急忙往回赶。在路过田坎边上的一棵十几米的大树时，天空打起了雷，突然一道闪电击中了该大树，一阵火光过后，段阳平夫妇倒在田地里。

"当时两人全身青紫色，身体没有什么伤痕"，参与援救的村民王先生说，女的当场死亡，而段阳平还有呼吸。40分钟后，救护人员赶赴现场，但段终因伤势过重身亡。

（重庆晨报 2005.5.2）

（17）接电话遭雷击身亡

2004年11月8日下午6：30左右，重庆市黔江区城南街道一心居委会二组村民白锦秀坐在自家卧室的床沿上接听电话，因电话线路未采取防雷电波侵入措施导致该村民被雷击死亡。

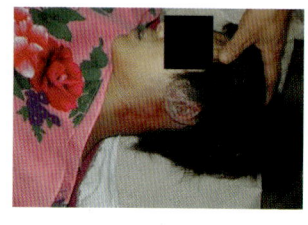

附录

附录2:重庆地区雷电参数表

站名	雷电日(天/年)	雷击大地密度(次/平方千米·年)	站名	雷电日(天/年)	雷击大地密度(次/平方千米·年)
巴南	54	5.62	黔江	35	2.95
北碚	49	6.53	荣昌	39	4.61
璧山	53	6.65	沙坪坝	54	768
长寿	47	4.92	石柱	37	3.16
城口	23	1.40	潼南	35	3.58
大足	46	5.03	万盛	45	5.76
垫江	35	3.62	万州	36	3.25
丰都	41	3.48	巫山	22	1.52
奉节	29	2.03	巫溪	24	1.62
涪陵	48	4.73	武隆	43	3.71
合川	43	4.67	铜梁	43	4.75
江津	57	5.99	秀山	37	3.20
开县	37	3.19	永川	67	7.93
梁平	34	3.44	酉阳	39	3.06
南川	51	5.35	渝北	54	6.41
彭水	44	3.93	云阳	31	2.63
綦江	49	5.18	忠县	38	3.75